# 电网建设与运行环境保护

内蒙古电力科学研究院 编著

中国电力出版社
CHINA ELECTRIC POWER PRESS

## 内 容 提 要

本书详细介绍了电网建设与运行中环境影响的产生、评价、测试方法，以及减小环境影响的各种有效措施。全书内容主要包括输变电工程环境影响评价，电网建设过程中的环境问题及解决措施，电网运行过程中的环境问题及解决措施，电磁环境、噪声现场监测仪器及操作等。

本书内容理论联系实际，可供从事电网工程建设、设计、施工、运行、研究以及环境保护评价等工作的专业技术人员、管理人员等参考使用，也可作为大专院校相关专业师生参考用书。

**图书在版编目（CIP）数据**

电网建设与运行环境保护/内蒙古电力科学研究院编著 . —北京：中国电力出版社，2018.9
ISBN 978-7-5198-2309-2

Ⅰ. ①电… Ⅱ. ①内… Ⅲ. ①电网–环境保护–研究–中国 Ⅳ. ①X322

中国版本图书馆 CIP 数据核字（2018）第 176780 号

---

出版发行：中国电力出版社

地　　址：北京市东城区北京站西街 19 号（邮政编码 100005）

网　　址：http://www.cepp.sgcc.com.cn

责任编辑：刘汝青（010-63412382）

责任校对：黄　蓓　朱丽芳

装帧设计：赵姗姗

责任印制：石　雷

---

印　　刷：三河市百盛印装有限公司

版　　次：2018 年 9 月第一版

印　　次：2018 年 9 月北京第一次印刷

开　　本：787 毫米×1092 毫米　16 开本

印　　张：8.25

字　　数：177 千字

印　　数：0001—2000 册

定　　价：39.00 元

---

# 前　言

随着我国经济建设的高速发展，电力需求持续增长，当输电线的电压等级升高时，周围工频电磁场的强度也随之增大。在经济发达的省（区、市），电力供应面临日益严重的瓶颈问题，这导致变电站的选址为满足电能质量条件不得不受负荷分布和供电半径要求的制约从而选在离居住区较近的地方。与此同时，由于人们生活水平日益提高，公众对所处环境的保护意识不断加强，对自身生活的环境要求也越来越高，这使得电网建设与运行中的环境问题变得尤为突出。因此，详细了解电网工程建设与运行中的环境问题及解决措施，不仅可以为合理解决电网建设与运行产生的环境纠纷问题提供相应的技术支撑，而且可为提出可行的工程建议打下基础。

本书结合国内外电网工程建设与运行的环境保护技术研究成果，阐述了国内电网建设与运行的相关法律法规和标准，分析了电网工程的环境影响评价，介绍了对电网建设期的生态影响及减小影响的措施，以及电网运行期电磁环境影响的机理、规律及测量方法，并对电网环保新技术进行了展望。

本书共分六章，第一章介绍了目前国内电网建设与运行现状，以及相关环境保护法律法规、政策、标准，并对其环境影响特点进行了分析；第二章详细介绍了输变电工程的环境影响评价，包括工程分析、现状调查、环境影响分析及预测；第三章主要介绍了电网建设过程中的环境问题及解决措施；第四章主要介绍了电网运行过程中的环境问题及环境保护措施；第五章介绍了电磁环境、噪声监测仪器的原理及相关研究；第六章介绍了电磁环境、噪声监测方法及具体的注意事项。

限于作者水平，书中疏漏之处在所难免，望广大读者批评指正。

编著者

2018 年 5 月

# 目　录

# 第一章

# 概　　述

能源是社会生产力的重要基础，煤炭、石油、天然气、水能、核能、风能等由自然界提供的能源，称为一次能源；在我们日常生产和生活中广泛使用的电能则是由一次能源转换而成的，称为二次能源。把一次能源转换成电能，供人们直接使用的产业即为电力工业。

## 第一节　电网建设与运行现状

### 一、电力系统组成

电力系统主要由五部分组成，即发电厂、变电站、输电线路、配电系统和用户。发电厂发电机所转换出的电能经过升压变压器、输电线路送到降压变电站降压后，送到配电系统，再由配电线路把电能分配到各用户，这样一个整体称为电力系统。电力系统中除发电机和用电设备外的部分，即输变电设备及各种不同电压等级的输电线路所组成的部分，称为电力网，简称电网。电力系统再加上发电厂的动力部分所组成的整体，称为动力系统。

（一）发电厂

发电厂的基本任务是把其他形式的能量转变为电能。发电厂按所用能量的不同，可分为水力发电厂、火力发电厂和核能发电厂，另外还有太阳能、风力、地热、潮汐和沼气发电厂等。目前我国已建成的大型电力系统中，发电厂主要以火力发电厂为主。发电厂的主要设备有发电机、汽轮机、水轮机和锅炉等。

（二）变电站

变电站（所）是转换和分配电能的场所。发电厂发出的电能通过升压变电站升压后由输电线路输出，降压变电站则将线路输送来的电能降压后分配至配电系统。变电站主要由升（降）压变压器、断路器、互感器及二次设备构成。

（三）输电线路

将发电厂发出的电力输送到消费电能的地区（也称负荷中心），或进行相邻电网之间的电力互送，使其形成互联电网或统一电网，保持发电和用电或两电网之间供需平衡的线路，称为输电线路。输电线路是电力网的重要组成部分。交流输电线路的三相导线分别与两端变压器的三个绕组连接，每相导线分别用字母 A、B、C 表示（或以黄、绿、红三种颜色表示），线路每三相称为一回路或单回路。输电线路与换流站正、负极相连接，并输送到另一个换流站的输电线路称为直流输电线路。

为减少电能在输送过程中的损耗，根据输送距离和输送容量的大小，输电线路采用各种不同的电压等级。目前，我国采用的各种不同电压等级有 35、66、110、220、330、500、750、1000kV。在我国，通常称 35~220kV 电压等级的线路为高压输电线路，330~750kV 电压等级的线路称为超高压输电线路，交流 1000kV、直流 ±800kV 及以上电压等级的线路称为特高压输电线路。

1. 电缆线路与架空输电线路

输电线路按结构不同，可分为电缆线路和架空输电线路。

（1）电缆线路不易受雷击、自然灾害及外力破坏，供电可靠性高，不影响城市美观，故在城网建设中的使用越来越多；但电缆的制造、施工、检查和事故处理较困难，工程造价也较高。

（2）架空线路显著的优点包括结构简单、施工周期短、建设费用低、技术要求低、检修维护方便和输送容量大等，因此远距离输电线路多采用架空输电线路。

2. 交流输电线路与直流输电线路

架空输电线路按电流性质不同，又可分为交流输电线路和直流输电线路。

（1）交流电的电压、电流大小及方向随时间按正弦波变化。采用交流电是为了使发电机、变压器、电动机等具有较高的能量转换效率，降低它们的制造成本。目前，电力系统绝大多数采用三相交流输电，随着交流输电容量的增大、线路距离的增长，以及电网的复杂化，系统稳定性问题日益突出。另外，高电压远距离交流输电线路感抗、容抗所引起的电压变化，需要装设大量补偿设备，以解决无功补偿、稳定性、操作过电压等一系列问题。这就使得操作运行复杂化，投资增大。

（2）直流电的电压、电流大小及方向不随时间变化。高压远距离直流输电线路不存在感抗、容抗的问题，与交流输电线路相比有着显著的优点，现在世界上已有许多条高压直流输电线路投入运行。我国 ±500kV 直流输电线路已广泛运用在三峡电站外送、跨区域联网等项目中。

3. 直、交流输电比较

高压直流输电方式与高压交流输电方式相比，有明显的优越性。历史上仅仅由于技术的原因，才使用交流输电代替直流输电。

交流输电的优点主要表现在发电和配电方面，具体包括：利用建立在电磁感应原理基础上的交流发电机可以很经济方便地把机械能（水能、风能）、化学能（石油、天然气）等其他形式的能转化为电能；交流电源和交流变电站与同功率的直流电源和直流换流站相比，造价低廉；交流电可以方便地通过变压器升压和降压，这给配送电能带来极大的方便，这是交流电与直流电相比所具有的独特优势。

直流电在输电方面的主要优点如下：

（1）输送相同功率时，线路造价低。

（2）在电缆输电线路中，直流输电线路没有电容电流产生，而交流输电线路存在电容电流，会引起损耗。

（3）直流输电时，其两侧交流系统不需同步运行，而交流输电必须同步运行。

（4）直流输电发生故障的损失比交流输电小。

（5）在直流输电线路中，各级是独立调节和工作的，彼此没有影响。

（6）线路有功损耗小。

（四）配电系统

配电的功能是在消费电能的地区接受输电网受端的电力，然后进行再分配，输送到城市、郊区、乡镇和农村，并进一步分配和供给工业、农业、商业、居民，以及有特殊需要的用电部门。担负分配电能任务的线路，称为配电线路。我国配电线路的电压等级有 380/220V、6、10、35、110kV，其中 1kV 以下的线路称为低压配电线路，1~10kV 线路称为高压配电线路。

（五）用户

用户是指在供电企业管辖范围分界点以内的工矿企事业和居民，包括属用户所有的变电站、线路和各种用电设备。

**二、电网的发展**

纵观以往历史和可预见的未来，国内外电网及其技术发展的不同时期具有不同的技术经济特征，存在明显的代际差异、传承和发展特性。回顾 100 多年来电网的发展历史，预测新条件下未来电网和电网技术的发展方向，对指导当前电力系统长期规划研究和电网技术的前瞻性研究都具有重要意义。

20 世纪前半期的电网属于第一代电网，以小机组、低电压、小电网为特征，是电网发展的兴起阶段；20 世纪后半期的电网属于第二代电网，其大机组、超高电压、互联电网等特征，标志着电网进入规模化发展阶段；从 21 世纪初开始建设并预计到 2050 年后在世界范围内实现的第三代电网，以非化石能源发电占较大份额（如达到 40%~50% 以上）和智能化为主要特征，是可持续发展和智能化的电网模式。

（一）第一代电网的发展

回顾国内外电力发展史可知，与其他伟大的工程技术成就一样，电网作为承载国民经济电气化的载体，也是根据不同时代经济发展的需求和技术进步的程度分阶段发展的。

19 世纪中叶，物理学中电磁现象的科学发现和技术发明，以及工业化升级对能源动力的强烈需求，催生了 19 世纪末 20 世纪初的电力工业。经过数十年的发展，形成了以交流发电和输配电技术为主导的电网。然而直到二次世界大战结束，从发电机组的单机容量、输电电压等级、电网规模、运行技术等方面的特征来看，电网的发展状况都还属于初级阶段。

第一代电网的主要特点是交流输电占主导，输电电压较低，达到 220kV 等级；电网规

3

模小（属于城市电网、孤立电网和小型电网）；发电单机容量不超过 10 万~20 万 kW。

第一代电网发展历程中的标志性事件有如下：

（1）1882 年，爱迪生在纽约建成世界上第一座商用发电厂（660kW，110V 直流电缆送电，输电距离为 1.6km）；1885~1886 年，威斯汀豪斯建成第一个交流输电系统，1895 年建成尼亚加拉大瀑布电厂（3 台 3675kW 水电机组）至布法罗 35km 的输电线路，交流输电确定了主导地位。

（2）1916 年，美国建成第一条 132kV 输电线路，1923 年开始使用 230kV 输电线路，1937 年建成 287kV 输电线路。

（3）1918 年，美国制造了第一台容量为 6 万 kW 的汽轮发电机。

（4）1929 年，美国制造了第一台容量为 20 万 kW 的汽轮发电机。

（5）1932 年，苏联第聂伯水电站发电机的单机容量为 6.2 万 kW；1935 年，美国胡佛水电站发电机单机容量为 8.25 万 kW，1934 年大古力水电站发电机单机容量 10.8 万 kW。

（二）第二代电网的发展及关键技术

第二次世界大战后全球经济快速发展。规模化工业生产对能源电力的巨大需求和廉价的化石能源，推动了电力工业的大发展和电网技术的空前进步与创新。以大机组、超高压输电和大电网为主要技术经济特征的第二代电网在世界主要经济大国和国际间相继建成，带来了规模经济的巨大效益，满足了社会和经济发展日益增长的需要。

第二代电网从开始过渡到技术成熟的时间跨度大体上是从 20 世纪中期到 20 世纪末。在此期间，电网规模不断扩大，形成了大型互联电网；发电机组单机容量达到 30 万~100 万 kW；建立了 330kV 及以上电压等级的超高压交流、直流输电系统。

第二代电网发展历程中的标志性事件如下：

（1）1952 年，瑞典首先建成 380kV 超高压输电线路，全长 620km，输送功率为 45 万 kW。

（2）1954 年，美国建成 345kV 电压等级线路。

（3）1956 年，苏联从古比雪夫到莫斯科的 400kV 输电线路投入运行，全长 1000km，并于 1959 年升压至 500kV，首次使用 500kV 输电。

（4）1965 年，加拿大首先建成 735kV 输电线路。

（5）1967 年苏联建成了 750kV 试验线路，1984 年建成从苏联到波兰的 750kV 输电线路。

（6）1969 年，美国实现 765kV 超高压输电。

（7）1985 年，苏联建成 1150kV 特高压输电线路。

欧美发达国家及苏联从 20 世纪 50 年代开始，伴随着大型水电、火电和核电厂的建设，向以大机组、超高压和大互联电网为特征的第二代电网过渡。

我国现代电力工业始于 1882 年（上海），到 1949 年全国发电设备容量为 185 万 kW，年发电量为 43.1 亿 kWh。1971 年，刘家峡水电站及刘家峡至关中 330kV 线路（全长

535km，送电 42 万 kW）建成，我国第一个跨省区域电网（甘肃、陕西、青海）形成，拉开了我国第二代电网建设的序幕。1981 年，建成第一条 500kV 线路（平顶山—武汉），开始以 500kV 输电线为骨干的大区电网建设；世纪之交推动全国电网互联；2005 年，西北电网 750kV 线路投入运行；2009 年 1 月，我国第一条 1000kV 特高压输电线路投入运行。

伴随电网的规模化发展，适应第二代电网发展的电网技术也发生了重大变化。除了装备和硬件技术的大型化和高参数化，在超高压远距离输电和互联电力系统关键问题解决的过程中，电力技术与同时代的数学理论、系统科学技术、计算机和信息科学技术、材料科学与技术广泛结合，极大地丰富和改变了电力系统理论和技术的面貌，形成了电力装备、高压输电、系统运行与控制三个领域的关键技术。

（1）装备和硬件技术。高效大型发电机组技术包括：超临界、超超临界燃煤机组（60万、100 万 kW），100 万 kW 核电机组，70 万~80 万 kW 水电机组；超/特高压交直流输变电设备和线路技术（交流 500、750、1000kV 断路器、变压器、互感器，500、660、800kV直流换流阀、换流变压器）；高速继电保护和安全稳定控制装置；光纤通信技术等。

（2）超/特高压输电技术。在建设 750kV 及以下电压等级的超高压输变电工程、660kV及以下电压的高压直流输电工程，以及 1000、800kV 特高压交直流输电工程的过程中，借助材料科学技术和高压试验技术的进步，提高了超/特高电压条件下空气及其他介质的绝缘强度特性，促进了输电线路及输电设备绝缘配合及绝缘水平的合理设计；借助科学试验和仿真计算，提高了输电系统过电压（包括内部过电压和外部过电压）预测及防护水平；广泛采用线路并联电抗器补偿，以及电抗器中性点小电抗补偿潜供电流的措施；各种运行方式下的调压和无功功率补偿提高了输电系统电压控制水平；对超/特高压输电线路引起的电磁环境干扰，如电晕放电造成的无线电干扰、电视干扰、可听噪声干扰，以及地面电场强度对人体影响等问题，进行了大量研究并采取有效解决措施。

（3）电力系统运行与控制技术。解决大型互联电网经济运行和系统安全问题的需求，带动了电力系统运行优化和控制技术的研究，包含安全约束的经济调度理论和方法、低频振荡（动态稳定）和暂态稳定控制的理论方法得到充分研究和广泛应用；采用先进计算机和计算方法的电力系统分析和仿真技术，开发了大规模电力系统计算分析软件，包括详细动态建模的大规模电力系统机电/电磁暂态计算分析、可靠性计算分析等；采用先进理论和技术，开发并广泛应用了快速继电保护和安全稳定控制系统；基于电力系统远程测量［常规远程终端（remote terminal unit，RTU）、同步相量测量装置（phase measurement unit，PMU）］和光纤通信、离线和在线分析的调度自动化能量管理系统，成为电网安全经济运行的重要保障。

到 21 世纪初，结合超/特高压输电系统建设和大区电网/全国联网实践，我国通过研究开发和工程实践，从一次设备和系统到二次控制、保护，以及安全稳定运行技术、仿真分析技术都得到迅速发展，全面掌握了第二代电网技术，总体达到国际先进水平，部分技术（如特高压输电）水平居国际前列。

（三）第三代电网的兴起及技术挑战

自 20 世纪末以来，新能源革命在世界范围内悄然兴起，世界各国能源和电力的发展都面临空前的应对和转型挑战。以接纳大规模可再生能源电力和智能化为主要特征的下一代电网，即第三代电网，成为未来电网发展的趋势和方向。第三代电网就是现代电网（modern power grid）和广义的智能电网，是 100 多年来一、二代电网在新形势下的传承和发展。

适应国际能源和电力发展趋势，我国以煤为主的能源结构和电源结构需要在今后几十年内逐步改变，可再生能源和核能、天然气等清洁能源电力将逐步成为主力电源，电网的发展将经历重大转型。

20 世纪八九十年代开始，发达国家开始研究分布式发电、可再生能源电力、微电网、高速光纤通信和电力市场，研究开发电力电子装置在电力系统中的应用［如灵活交流输电技术 FACTS、定制电力技术（custom power）等］，新一代电网的前景初步显现。当前世界范围内大规模展开可再生能源开发和智能电网建设，拉开了第三代电网发展和建设的序幕。

第三代电网的主要特征包括：电源组成上，以非化石能源为主的清洁能源发电应占较大份额（我国应力求达到 50% 以上），大型骨干电源与分布式电源相结合；电网结构方面，国家级（或更大范围）主干输电网与地方电网、微电网协调发展；采用大容量、低损耗、环境友好的输电方式（如特高压架空输电、超导电缆输电、气体绝缘管道输电等）；智能化的电网调度、控制和保护；双向互动的智能化配用电系统等。

第三代电网传承第二代电网规模化发展的某些特征，将在未来大型骨干电源建设、国家级主干电网建设、电网运行控制和调度的数字化信息化智能化等方面进一步创新发展。但要实现主导第三代电网发展两大特征的功能，即大规模可再生能源电力的集中和分散接入，以及电网运行控制和用电的全面智能化，则对电源和电力网发展模式、电网装备的创新、电网运行控制、仿真计算分析、智能用电，以及用户与电网双向互动等多个方面，提出了前所未有的技术挑战，具体可概括为装备硬件和系统集成两个方面。

（1）装备和硬件技术。高效、节能、环保的硬件装备是新一代电网发展的基础。主要包括：经济高效的可再生能源发电装备（风力、太阳能、生物质能等）；新型高效的输配电技术和装备（特高压输电、超导输电、地下输电、智能化绿色电器）；新型电力电子元器件、装备和技术；大容量和分布式储能技术和装备；各类传感器和信息网络。

（2）系统集成技术。融合先进信息通信技术、电力电子技术、优化和控制理论和技术、新型电力市场理论和技术等的系统集成是未来新一代电网构建和安全经济运行的基础。具体包括：大容量集中式和分布式可再生能源电力接入技术；基于先进传感、通信、控制、计算、仿真技术，涵盖各类电源和负荷的智能化能量管理和控制；新一代电网的建模和分析技术；电网运行的能量流和信息流可靠性评估和安全防护；支持各类电源与用户广泛互动的电力市场理论、模式和运作方式；资产管理和综合服务系统；智能化的配用电系统，实现电力需求侧响应和分布式电源、电动汽车、储能装置灵活接入；覆盖城乡的能源、电力、信息综合服务体系。

## 第二节　电网建设与运行环境保护政策法律法规

**一、输变电工程环境保护法律**

（1）《中华人民共和国环境保护法》（2014 年 4 月 24 日修订通过，2015 年 1 月 1 日起执行）。相关条款如下：

第四十二条　排放污染物的企业事业单位和其他生产经营者，应当采取措施，防治在生产建设或者其他活动中产生的废气、废水、废渣、医疗废物、粉尘、恶臭气体、放射性物质以及噪声、振动、光辐射、电磁辐射等对环境的污染和危害。

（2）《中华人民共和国环境影响评价法》（2016 年 9 月 1 日起修订施行）。

（3）《中华人民共和国水污染防治法》（2008 年 6 月 1 日起修订施行）。

（4）《中华人民共和国大气污染防治法》（2000 年 9 月 1 日起施行）。

（5）《中华人民共和国固体废物污染环境防治法》（2005 年 4 月 1 日起施行）。

（6）《中华人民共和国环境噪声污染防治法》（1997 年 3 月 1 日起施行）。

（7）《中华人民共和国清洁生产促进法》（2003 年 1 月 1 日起施行）。

（8）《中华人民共和国城市规划法》（2008 年 1 月 1 日起施行）。

（9）《中华人民共和国农业法》（2003 年 3 月 1 日起施行）。

（10）《中华人民共和国森林法》（1998 年 4 月 29 日起施行）。

（11）《中华人民共和国草原法》（2003 年 3 月 1 日起修订版施行）。

（12）《中华人民共和国矿产资源法》（1996 年 10 月 1 日起修订施行）。

（13）《中华人民共和国土地管理法》（2004 年 8 月 28 日起修订施行）。

（14）《中华人民共和国水法》（2002 年 10 月 1 日起修订施行）。

（15）《中华人民共和国水土保持法》（2011 年 3 月 1 日起修订施行）。

（16）《中华人民共和国野生动物保护法》（2009 年 8 月 27 日起修订施行）。

（17）《中华人民共和国野生植物保护条例》（1997 年 1 月 1 日起施行）。

（18）《中华人民共和国电力法》（1996 年 4 月 1 日起执行，2015 年 4 月 24 日修订）。相关条款如下：

第五条　电力建设、生产、供应和使用应当依法保护环境，采取新技术，减少有害物质排放，防治污染和其他公害。

第十五条　输变电工程、调度通信自动化工程等电网配套工程和环境保护工程，应当与发电工程项目同时设计、同时建设、同时验收、同时投入使用。

（19）《中华人民共和国文物保护法》（2007 年 12 月 29 日起修订施行）。

## 二、输变电工程环境保护条例

(1)《中华人民共和国水污染防治法实施细则》（国务院令第 284 号，2000 年 3 月 20 日起施行）。

(2)《全国生态环境保护纲要》（国务院国发〔2000〕38 号）。

(3)《中华人民共和国自然保护区条例》（国务院令第 167 号，1994 年 12 月 1 日起施行）。

(4)《中华人民共和国文物保护法实施条例》（国务院令第 377 号，2003 年 7 月 1 日起施行）。

(5)《建设项目环境保护管理条例》（国务院令第 253 号，1998 年 11 月 29 日起施行）。

(6)《饮用水水源保护区污染防治管理规定》（〔1989〕环管字 201 号公布）。

(7)《土地复垦条例》（国务院令第 592 号，2011 年 3 月 5 日起施行）。

(8)《中华人民共和国河道管理条例》（国务院令第 3 号，1988 年 6 月 10 日起施行）。

(9)《风景名胜区管理条例》（国务院令第 474 号，2014 年 1 月 1 日实施）。

(10)《森林和野生动物类型自然保护区管理办法》（1985 年 7 月 6 日起施行）。

(11)《中华人民共和国野生植物保护条例》（国务院令第 204 号，1997 年 1 月 1 日起施行）。

(12)《危险化学品安全管理条例》（2002 年 3 月 15 日起施行）。

(13)《电力设施保护条例》（1987 年 9 月 5 日发布，2011 年 1 月 8 日第二次修订）。

相关条款如下：

第八条　发电设施、变电设施的保护范围：

1) 发电厂、变电站、换流站、开关站等厂、站内的设施。

2) 发电厂、变电站外各种专用的管道（沟）、储灰场、水井、泵站、冷却塔、油库、堤坝、铁路、道路、桥梁、码头、燃料装卸设施、避雷装置、消防设施及其有关辅助设施。

3) 水力发电厂使用的水库、大坝、取水口、引水隧洞（含支洞口）、引水渠道、调压井（塔）、露天高压管道、厂房、尾水渠、厂房与大坝间的通信设施及其有关辅助设施。

第九条　电力线路设施的保护范围：

1) 架空电力线路：杆塔、基础、拉线、接地装置、导线、避雷线、金具、绝缘子、登杆塔的爬梯和脚钉，导线跨越航道的保护设施，巡（保）线站，巡视检修专用道路、船舶和桥梁，标志牌及其有关辅助设施。

2) 电力电缆线路：架空、地下、水底电力电缆和电缆联结装置，电缆管道、电缆隧道、电缆沟、电缆桥，电缆井、盖板、人孔、标石、水线标志牌及其有关辅助设施。

3) 电力线路上的变压器、电容器、电抗器、断路器、隔离开关、避雷器、互感器、熔断器、计量仪表装置、配电室、箱式变电站及其有关辅助设施。

4) 电力调度设施：电力调度场所、电力调度通信设施、电网调度自动化设施、电网运行控制设施。

第十条 电力线路保护区：

1）架空电力线路保护区：导线边线向外侧水平延伸并垂直于地面所形成的两平行面内的区域，在一般地区各级电压导线的边线延伸距离如下：

| | |
|---|---|
| 1～10kV | 5m |
| 35～110kV | 10m |
| 154～330kV | 15m |
| 500kV | 20m |

在厂矿、城镇等人口密集地区，架空电力线路保护区的区域可略小于上述规定。但各级电压导线边线延伸的距离，不应小于导线边线在最大计算弧垂及最大计算风偏后的水平距离与风偏后距建筑物的安全距离之和。

2）电力电缆线路保护区：地下电缆为电缆线路地面标桩两侧各0.75m所形成的两平行线内的区域；海底电缆一般为线路两侧各2n mile（海里）（港内为两侧各100m），江河电缆一般不小于线路两侧各100m（中、小河流一般不小于各50m）所形成的两平行线内的水域。

（14）《国家重点保护野生动物名录》（1989年1月14日起施行）。

（15）《国家重点保护野生植物名录（第一批）》（1999年9月9日起施行）。

（16）《国务院关于落实科学发展观加强环境保护的决定》（国务院国发〔2005〕39号）。

（17）《产业结构调整指导目录（2011年本）》（2013年修正）（国家发展和改革委员会令第21号，2013年5月1日起施行）。

（18）《国家级森林公园管理办法》（国家林业局令第27号令，2011年8月1日实施）。

（19）《地质遗迹保护管理规定》（地质矿产部第21号令，1995年5月4日）。

（20）《南水北调工程供用水管理条例》（国务院令〔2014〕第647号）。

**三、输变电工程环境保护管理规定**

（1）《中华人民共和国水污染防治法实施细则（第一号局令）》。

（2）《中华人民共和国大气污染防治法实施细则（第五号局令）》。

（3）《环境保护行政处罚办法（第八号局令）》。

（4）《排放污染物申报登记管理规定（第十号局令）》。

（5）《防止尾矿污染环境管理规定（第十一号局令）》。

（6）《建设项目环境保护设施竣工验收管理规定（第十四号局令）》。

（7）《环境监理人员行为规范（第十六号局令）》。

（8）《环境统计管理暂行办法（第十七号局令）》。

（9）《建设项目环境保护管理程序》（1990年6月1日实施）。

（10）《关于建设项目环境管理问题的若干意见》（1988年3月21日实施）。

（11）《建设项目环境保护设计规定》（1987年3月20日实施）。

（12）《关于建设项目环境影响报告书审批权限问题的通知》（1986年10月3日实施）。

（13）《建设项目环境影响评价岗位证书管理办法》（环办〔2009〕45号，2009年6月1日实施）。

（14）《建设项目环境影响评价收费标准的原则与方法（试行）》（1989年5月2日实施）。

（15）《关于加强外商投资建设项目环境保护管理的通知》（1992年3月14日实施）。

（16）《关于加强国际金融组织贷款建设项目环境影响评价管理工作的通知》（环监〔1993〕324号，1993年6月21日实施）。

（17）《关于进一步做好建设项目环境保护管理工作的几点意见》（环监〔1993〕015号，1993年1月11日实施）。

（18）《关于重申建设项目环境影响报告书审批权限的通知》（1993年4月19日实施）。

（19）《关于加强自然资源开发建设项目的生态环境管理的通知》（1994年12月21日实施）。

（20）《电磁辐射环境保护管理办法》（国家环境保护总局令第18号，1997年3月25日起施行）。相关条款如下：

第二条　本办法所称电磁辐射是指以电磁波形式通过空间传播的能量流，且限于非电离辐射，包括信息传递中的电磁波发射，工业、科学、医疗应用中的电磁辐射，高压送变电中产生的电磁辐射。

任何从事前款所列电磁辐射的活动，或进行伴有该电磁辐射的活动的单位和个人，都必须遵守本办法的规定。

第六条　国务院环境保护行政主管部门负责下列建设项目环境保护申报登记和环境影响报告书的审批，负责对该类项目执行环境保护设施与主体工程同时设计、同时施工、同时投产使用（以下简称"三同时"制度）的情况进行检查并负责该类项目的竣工验收：

1）总功率在200kW以上的电视发射塔。

2）总功率在1000kW以上的广播台、站。

3）跨省级行政区电磁辐射建设项目。

4）国家规定的限额以上电磁辐射建设项目。

第七条　省、自治区、直辖市（以下简称"省级"）环境保护行政主管部门负责除第六条规定所列项目以外、豁免水平以上的电磁辐射建设项目和设备的环境保护申报登记和环境影响报告书的审批；负责对该类项目和设备执行环境保护设施"三同时"制度的情况进行检查并负责竣工验收；参与辖区内由国务院环境保护行政主管部门负责的环境影响报告书的审批、环境保护设施"三同时"制度执行情况的检查和项目竣工验收以及项目建成后对环境影响的监督检查；负责辖区内电磁辐射环境保护管理队伍的建设；负责对辖区内因电磁辐射活动造成的环境影响实施监督管理和监督性监测。

第八条　市级环境保护行政主管部门根据省级环境保护行政主管部门的委托，可承担第七条所列全部或部分任务及本辖区内电磁辐射项目和设备的监督性监测和日常监督管理。

第九条　从事电磁辐射活动的单位主管部门应督促其下属单位遵守国家环境保护规定和标准，加强对所属各单位的电磁辐射环境保护工作的领导，负责电磁辐射建设项目和设备环境影响报告书（表）的预审。

第十条　任何单位和个人在从事电磁辐射的活动时，都应当遵守并执行国家环境保护的方针政策、法规、制度和标准，接受环境保护部门对其电磁辐射环境保护工作的监督管理和检查；做好电磁辐射活动污染环境的防治工作。

第十一条　从事电磁辐射活动的单位和个人建设或者使用《电磁辐射建设项目和设备名录》（见附件）中所列的电磁辐射建设项目或者设备，必须在建设项目申请立项前或者在购置设备前，按本办法的规定，向有环境影响报告书（表）审批权的环境保护行政主管部门办理环境保护申报登记手续。

（21）《电力设施保护条例实施细则》（2011 年 6 月 30 日起施行）。

（22）《建设项目环境影响评价分类管理名录》（环境保护部令第 33 号，2015 年 6 月 1 日起施行）。

（23）《关于发布〈环境保护部审批环境影响评价文件的建设项目目录（2015 年本）〉的公告》（中华人民共和国环境保护部公告 2015 年第 17 号）。

（24）《电磁辐射环境保护管理办法》（国家环境保护总局令第 18 号，1997 年 3 月 25 日起施行）。

（25）《环境影响评价公众参与办法》（国家环境保护部令第 35 号，2015 年 9 月 1 日起施行）。

（26）《全国生态功能区划》（中华人民共和国环境保护部、中国科学院 2008 年第 35 号公告）。

（27）《关于加强西部地区环境影响评价工作的通知》（中华人民共和国环境保护部文件环发〔2011〕150 号）。

（28）《关于进一步推进建设项目环境监理试点工作的通知》（环境保护部环办〔2012〕5 号）。

（29）《关于进一步加强输变电类建设项目环境保护监管工作的通知》（环境保护部办公厅文件环办〔2012〕131 号）。

（30）《关于进一步加强环境影响评价管理防范环境风险的通知》（环境保护部环发〔2012〕77 号）。

（31）《关于切实加强风险防范严格环境影响评价管理的通知》（环境保护部环发〔2012〕98 号）。

（32）《关于印发〈建设项目环境影响评价政府信息公开指南（试行）〉的通知》（环境保护部环办〔2013〕103 号）。

**四、环境保护技术标准**

（1）《环境空气质量标准》（GB 3095）。

(2)《声环境质量标准》（GB 3096）。

(3)《地表水环境质量标准》（GB 3838）。

(4)《污水综合排放标准》（GB 8978—1996）。

(5)《工业企业厂界环境噪声排放标准》（GB 12348—2008）。

(6)《建筑施工场界环境噪声排放标准》（GB 12523—2011）。

(7)《高压交流架空送电线 无线电干扰限值》（GB 15707）。

(8)《大气污染物综合排放标准》（GB 16297）。

(9)《城市区域环境噪声测量方法》（GB/T 14623）。

(10)《变压器和电抗器的声级测定》（GB 7328）。

(11)《高压架空输电线路可听噪声测量方法》（DL/T 501—2017）。

(12)《高压交流架空送电线路、变电站工频电场和磁场测量方法》（DL/T 988—2005）。

(13)《工频电场测量》（GB/T 12720）。

(14)《高压架空电线、变电站无线电干扰测量方法》（GB/T 7349）。

(15)《辐射环境保护管理导则 电磁辐射监测仪器和方法》（HJ/T 10.2）。

(16)《辐射环境保护管理导则 电磁辐射环境影响评价方法与标准》（HJ/T 10.3）。

(17)《环境影响评价技术导则 生态影响》（HJ 19）。

(18)《环境影响评价技术导则 输变电工程》（HJ 24）。

(19)《建设项目环境影响评价技术导则 总纲》（HJ 2.1—2016）。

(20)《环境影响评价技术导则 声环境》（HJ 2.4—2009）。

(21)《环境影响评价技术导则 地面水环境》（HJ/T 2.3—93）。

(22)《建设项目环境风险评价技术导则》（HJ/T 169—2004）。

(23)《直流换流站与线路合成场强、离子流密度测试方法》（DL/T 1089—2008）。

**五、电磁环境监测技术标准**

(1)《电磁兼容 试验和测量技术 电压暂降、短时中断和电压变化的抗扰度试验》（GB/T 17626.11—2008/IEC 61000-4-11：2004）。

(2)《电磁兼容 试验和测量技术 抗扰度试验总论》（GB/T 17626.1—2006/IEC 61000-4-1：2000）。

(3)《电磁兼容 环境 电磁环境的分类》（GB/Z 18039.1—2000）。

(4)《电磁兼容 限值 中、高压电力系统中波动负荷发射限值的评估》（GB/Z 17625.5—2000）。

(5)《电磁兼容 环境 工厂低频传导骚扰的兼容水平》（GB/T 18039.4—2003/IEC 61000-2-4：1994）。

(6)《电磁兼容 环境 公用供电系统低频传导骚扰及信号传输的电磁环境》（GB/Z 18039.5—2003/IEC 61000-2-1：1990）。

（7）《电磁兼容　环境　各种环境中的低频磁场》（GB/Z 18039.6—2005/IEC 61000-2-7：1998）。

（8）《电磁兼容　试验和测量技术　供电系统及所连设备谐波、间谐波的测量和测量仪器导则》（GB/T 17626.7—2017/IEC 61000-4-7：2009）。

（9）《高压电气设备无线电干扰测试方法》（GB/T 11604—2015）。

（10）《污水综合排放标准》（GB 8978—1996）。

（11）《高压交流架空送电线路、变电站工频电场和磁场测量方法》（DL/T 988—2005）。

（12）《高压架空送电线、变电站无线电干扰测量方法》（GB/T 7349—2002）。

（13）《交流输变电工程电磁环境监测方法》（试行）（HJ 681—2013）。

（14）《电磁环境控制限值》（GB 8702—2014）。

# 第三节　电网建设与运行环境保护研究现状

建设运行电网系统会对环境造成较大的影响，因此要做好电网建设环境保护工作。即根据施工情况，有针对性地采取相应的环境保护手段，开展环境保护与电网建设运行的相关工作。从电网设计到施工建设再到运营管理的整个过程中，均要对施工区域的大气、水土、动植物、矿物等自然环境，以及周边城镇、风景区、名胜古迹等人文建筑，分别采取专门的环境保护措施。如搭建电网塔基时注意水土保持、植被保护、控制矿藏区域；合理规划城乡建设、风景名胜、古迹保护区等。

电网施工运营单位应本着环境保护与电网管理一体化发展的理念，不断改革创新电网系统建设运营模式，减少对生态环境的破坏，维持电网与环保的平衡与和谐，实现电网建设运营与环境保护的可持续发展目标。

**一、环境的基本概念和环境影响评价制度的现状**

1. 环境的概念和特性

环境是指影响人类生存和发展的各种天然的和经过人工改造的自然因素的总体，包括大气、水、海洋、土地、矿藏、森林、草原、野生生物、自然遗迹、人文遗迹、自然保护区、风景名胜区、城市和乡村等。

环境有自然环境和社会环境之分。自然环境是社会环境的基础，社会环境是自然环境的发展。

环境具有整体性与区域性，是各环境要素或环境各组成部分相互作用的系统，不能用孤立的观点进行环境影响评价。同时必须注意其区域差异造成的差别和特殊性。

环境具有变动性与稳定性，环境的结构和状态不断变化；同时环境系统具有一定的自我调节特性，有一定的承受干扰的能力。

环境具有资源性与价值性，为人类生存和发展提供了必需的存在和发展的空间，以及必需的物质和能量。因此环境对于人类及人类社会的发展具有不可估量的价值。

人类社会的发展必须以环境为依托。环境的破坏必然导致发展受阻，而良好的环境条件是社会经济良好发展的必要条件。

2. 环境影响评价过程

环境影响评价是指对拟议中的建设项目、区域开发计划和国家政策实施后可能对环境产生的影响（后果）进行的系统性识别、预测和评估。环境影响评价的根本目的是鼓励在规划和决策中考虑环境因素，最终达到更具环境相容性的人类活动。

环境影响评价的过程包括一系列步骤，这些步骤按顺序进行。在实际工作中，环境影响评价的工作过程可以不同，而且各步骤的顺序也可变化。

一种理想的环境影响评价过程，应该能够满足以下条件：

（1）基本上适应所有可能对环境造成显著影响的项目，并能够对所有可能的显著影响做出识别和评估。

（2）对各种替代方案（包括项目不建设或地区不开发的情况）、管理技术、减缓措施进行比较。

（3）生成清楚的环境影响报告书（EIS），以使专家和非专家都能了解可能影响的特征及其重要性。

（4）包括广泛的公众参与和严格的行政审查程序。

（5）及时、清晰的结论，以便为决策提供信息。

3. 环境影响评价层次

环境影响评价根据项目建设的不同时期，主要分为以下三个层次：

（1）环境预测与评价。根据地区发展规划对拟建立的项目进行环境影响分析，预测该项目建设后产生的各类污染物对外环境产生的影响，并作出评价。

（2）跟踪评价。主要是针对大型建设项目和环评规划，在建设过程中或者建设后项目实施过程中进行跟踪评价，当项目出现与预定结果较大的差异时必须改进的一种评价制度。跟踪评价是现阶段环境管理的重要手段之一。

（3）现状环境影响评价。在项目已经建设、稳定运行一段时间后，产生的各类污染物达标排放，与周围环境已经形成稳定系统，根据各类污染物监测结果来评价该建设项目建设后对该地域环境是否产生影响，是否在环境可接受范围内。

4. 环境影响评价的分类

（1）按照评价时间分类。环境质量回顾评价、环境质量现状评价、环境影响评价。

（2）根据评价内容分类。环境影响经济评价、环境政策评价、战略环境评价。

（3）按环境要素分类。大气环境评价、水环境评价、声环境评价、土壤环境评价、生物环境评价、生态环境评价、经济学环境评价、美学环境评价。

5. 环境影响评价的作用

环境影响评价通过分析、预测和评估建设项目的环境影响，可为环境管理者提供对建设项目实施有效管理的科学依据，是强化环境管理的重要手段。在环境日益恶化的今天，环境影响评价工作用科学事实说话，发挥着至关重要的作用，主要体现在以下几方面：

（1）指导建设项目选址和布局的合理性。

（3）帮助审批单位做出正确的选择。

（3）明确建设者的环境责任。

（4）提出合理的环境保护措施，减少对环境的不利影响。

（5）帮助周边公众正确对待建设项目。

（6）促进相关环境科学技术的发展。

6. 环境影响评价的发展情况

由于环境问题的严重加剧，国际相继出台了环境保护的法律法规，随之产生了环境影响评价制度。

美国是世界上第一个建立起环境影响评价制度并运用法律支撑的国家。随之许多西方国家也建立起该制度。

1979 年 9 月颁布的《中华人民共和国环境保护法（试行）》中规定，"一切企事业单位的选址、设计、建设和生产，都必须注意保护环境。工程在建前，须提交环境影响评价报告书，经环境保护主管部门和相关部门审评准许后才可进行设计。"该规定标志着我国环境影响评价制度的诞生。

应考虑我国的实际情况，借鉴外国经验，发展我国环评制度。

（1）1973 年 8 月，在北京召开的第一次全国环境保护会议，揭开了我国环境保护事业的序幕。大会议定了"全面规划、合理布局、综合利用、化害为利、依靠群众、人人参与、保护环境、造福百姓"的保护环境工作战略。这一阶段是我国环境保护的起步阶段，一些环境科学和理论技术为我国环境影响评价制度的建立奠定了基础，积累了丰富的经验。

（2）正式实施阶段。在环境影响评价制度正式实施阶段，我国颁布了一系列重要的法律法规，具体见表 1-1。

表 1-1　　　　　　　　实施阶段颁发法律法规条例一览表

| 时间 | 法 规 条 例 |
|---|---|
| 1979 年 | 《中华人民共和国环境保护法》（试行） |
| 1981 年 | 《基本建设项目环境保护管理办法》 |
| 1986 年 3 月 | 《建设项目环境保护管理办法》 |
| 1986 年 6 月 | 《建设项目环境影响评价证书管理办法》 |
| 1988 年 3 月 | 《建设项目环境管理若干问题的意见》 |
| 1988 年 3 月 | 《建设项目环境保护设计规定》 |
| 1989 年 5 月 | 《建设项目环境影响评价证书管理办法》 |

1979 年颁布的《中华人民共和国环境保护法》（试行），标志着我国开始正式实施环境影响评价制度。1981 年颁布了《基本建设项目环境保护管理办法》，明确规定了环境影响评价的适用范围、评价内容、工作程序。

（3）进入 20 世纪 90 年代，我国的环境影响评价开始走向国际化。在此期间颁布了《建设项目环境保护管理程序》。1995 年之后，国家开始对建设项目的环境影响进行分类管理，把评价内容确定为编制环境影响报告书、编制环境影响报告表和填报环境影响登记表三类。1992~1996 年的 4 年间，实施环境影响评价的项目数占当年建设项目总数的比例维持在 60% 上下。1998 年 11 月，国务院发布实施《建设项目环境保护管理条例》，对评价分类、适用使用对象、评价程序作了明确的要求。

在后发展国家中，我国对于环境影响评价的研究处于前列。自第一次全国环境保护会议以来，我国专家学者把发达国家先进的环境影响评价机制引入国内学术阶层，并且积极在实践中应用，逐渐把环境影响评价的概念在国内进行推广和普及。

我国以立法的形式提出环境影响评价，《中华人民共和国环境保护法》中明确说明，环境影响评价需要在项目建设过程中开展。结合经济发展形势，《中华人民共和国环境保护法》在修订时，重新定义了环境影响评价，确立环境影响评价为常态制度。

国家环保总局在《关于进一步做好建设项目环境保护管理工作的几点意见》中，第一次在实施原则和实施过程方面，对地区环境影响评价做出了说明。而且在较长周期的实施应用过程中，我国环境影响评价从最开始的概念变成了固定的制度，并经不断修正，隔离管理办法不断出台。特别是我国颁布《中华人民共和国环境影响评价法》后，在实施过程中，各种相应配套规章制度不断完善，表明了我国环境影响评价制度进入了新常态。

**二、输变电工程环境影响评价**

输变电工程环境影响评价是按照一定的评价标准和方法，系统地分析输变电工程环境影响因子，并衡量环境与经济的平衡点，综合评价环境质量的优劣，以及人类活动对环境的影响，提出减免工程带给环境负面影响的对策和措施。

输变电工程主要由变电站（开关站）和输电线路组成。输电功能由升压变电站、降压变电站及与其相连的输电线路完成。

输电设备主要有输电线、地线、光缆、金具、塔杆、绝缘子串等；变电设备有变压器、电抗器（用于 330kV 以上）、电容器、断路器、接地开关、隔离开关、避雷器、电压互感器、电流互感器、母线等一次设备，以及电力通信系统等二次设备。

在输电网中，110（66）~220kV 电压为高压；330~750kV 电压为超高压；1000kV 以上的电压为特高压。当前 500kV 超高压输电网已成为各省和跨省电网的主干网。

交流输变电工程环境影响的污染源、排放时间和排放形式如图 1-1 所示。

交流输变电工程一般包括架空线路的变电站的建设。工程建设进程可分为施工期和运行期。架空输电线路和变电站在施工期和运行期对环境产生影响的排放因素是不同的，本部分主要对运行期产生的环境影响进行针对性的分析。

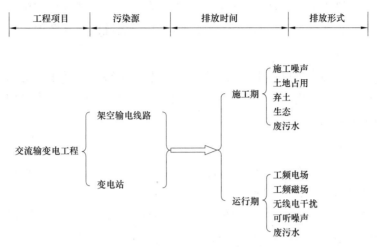

图 1-1 输变电工程环境影响分析

1. 运行期的环境影响因子分析

我国电力频率常采用 50Hz，因此电力领域将该频率称为"工业频率"（简称"工频"），由此产生的电场、磁场分别称为工频电场、工频磁场。

（1）工频电场的影响。工频电场对人体的作用将产生电荷在体内的流动、束缚电荷的极化，以及已经存在于组织中的电偶极子的转向。发生暂态电击时人体所能承受的电击电压与能量不同于直接接触电源所造成的稳态电击。当放电能量为 0.1mJ 时，电击达到可感觉的水平；当能量为 0.5～1.5mJ 时，电击虽不会引起身体上的直接伤害，但能使人烦恼和引起肌肉不自觉的反应；当能量达到 25mJ 时，电击对人体会造成损伤。

此外，在工频电场中，由于不同电位体之间的放电，会引燃含有碳氢蒸汽的易爆物。所以输电线下或附近的加油站、车辆和船舶装运易燃易爆物品，理论上都存在引燃的危害。

（2）工频磁场的影响。工频磁场能在靠近输电线路附近的人体上感应出电压，当达到一定值后会引起电击，使人产生不适的感觉。

（3）输电线路的无线电的干扰。输电线路的电晕放电是产生无线电干扰的根源，除导线电晕外，还有其他无线电干扰源，如变电站设备和沿线路分布的绝缘子串产生的尖端放电、微小局部放电及火花放电等。

（4）可听噪声。包括交流输电线可听噪声和变电站可听噪声。交流输电线可听噪声包括宽频噪声（碎裂声、"吱吱"声）和叠加在宽频噪声上的低频交流声（"哼"声和"嗡嗡"声），主观感觉表明，对人造成困扰、影响最大的是高频成分的无序噪声。变电站噪声源主要是主变压器和高压电抗器，如果其设置位置不当，就极易对变电站围墙外的环境造成干扰。特别是高压电抗器，因其必须设置在线路进线端的围墙内侧，往往会造成该侧站界噪声超标。

（5）生态影响。许多学者经过研究认为，高压和特高压工频电磁场对动物、植物生态未产生不利影响。鉴于输电线路是线状输电工程，在其路径的选择过程中，应尽量少占基本农田，注意避让自然保护区、历史文物保护区、风景名胜区及水源保护区，并降低对景观的影响。

（6）变电站的废污水排放。由于变电站平时维护人员很少，新建变电站已基本达到无人值班，站内设备运行时也不产生废污水，所以站内少量生活污水基本可用作站内绿化用水，一般可做到不外排。

2. 输变电工程项目环境评价范围

（1）工频电场、工频磁场。输电线路的评价范围为线路走廊两侧 30m 带状区域范围内；变电站评价范围为围墙外 500m 的范围内。

（2）无线电干扰。输电线路走廊两侧 2000m 带状区域，重点评价线路走廊两侧 30m 带状区域范围内；变电站围墙外 2000m 范围内区域，重点评价围墙外 500m 范围内。

（3）噪声。输电线路走廊两侧 30m 带状区域；变电站站界噪声评价范围为围墙外 1m 处，环境噪声评价范围为距站界外 200m 内区域。

（4）生态。根据环境保护部发布的《环境影响评价技术导则　生态影响》（HJ 19—2011）对生态评价范围的规定，生态评价范围定为送电线路两侧边导线各外延 4km 的全部规划范围。

3. 输变电工程环境影响评价的特点

输变电工程环境影响评价涉及的因素多，层次复杂，有如下特点：

（1）输变电工程环境影响评价应依据国家环境保护法律法规、国家与地方环境保护相关标准、行业规范及电网或建设规划环境影响评价相关资料等。

（2）输变电工程环境影响评价应与工程开发规划同时进行，才能使其成为该输变电工程开发的重要决策依据。

（3）输变电工程环境影响评价应包括建设期和运营期，并覆盖施工与运营的全部过程、范围和活动。

（4）输变电工程的开发涉及的区域较大，破坏了原有的自然环境，对声环境、生态环境有严重影响，同时改变了该区域的电磁环境。

4. 输变电工程环境影响评价研究现状

国外对电网输电工程环境影响评价的研究开展较早，其评价对象往往是输电线路产生的电磁场对周边环境的影响。美国学者针对超高压输电线路电磁场对周边环境的影响提出对应的环境评价方案。为了规范超高压输电线路输电过程中造成的电磁危害，日本及苏联学者通过实地调研和实验室研究，制定了一套严格的超高压输电线路环境影响评价标准。例如日本相关行业制定的《电气设备技术标准》第 112 条第 3 项明确规定，为了不对人的健康产生不利影响，输电线路、电器设备下，距离地面 1m 处的电磁场强度必须在 3kV/m 以内。而在美国，虽然《电气安全标准》等行业标准中没有特定指明在超高压输电线路和设备下电磁场的安全范围，很一般业内标准为 8~10kV/m。

我国电磁环境管理始于 20 世纪 80 年代，起步较晚。国家环保总局发布的《中华人民共和国环境保护法》，标志着我国正式确立环境影响评价制度，也是后来发布的各种电磁环境管理法规、制度的法律基础和指导性法规。在国家环保总局发布的《基本建设项目环境保护管理办法》中，规定建设项目在立项、设计、施工前需要按照制度规定流程进行环境影响评价。

国家环境保护总局在《关于编写输变电工程环境影响评价管理导则的通知》中，要求相关方把之前制定的多个关于高压输变电工程环境影响评价指导制度整合，整合完成后，在该类工程项目中将不再考虑项目运行中的无线电干扰，但是提高了其管理标准。最终，输变电工程环境影响评价相关方结合实际工作经验，编制提交了《环境保护管理导则——输变电工程环境影响评价》。

国家环境保护总局办公厅发布《环境影响评价技术导则 输变电工程》，更适配我国电力发展和输变电环境评价实际工作的环评导则的颁布已经指日可待，我国输变电工程环境影响评价正逐步走向规范化、标准化和科学化。

在国家环保总局发布的《电磁辐射环境保护管理办法》中，以立法的形式明确说明了电磁辐射对环境影响的管理程序，使得输变电工程项目进行环境影响评价有了法律依据。各省级单位的环保行政机构审批建设项目的环境影响报告书，对环境保护设备进行验收，而且对项目建成后的电磁辐射对环境的影响负有监督、检测的管理职责。地市级环境保护管理机构负责日常的电磁辐射监督职责。所有个人与集体组织在开展与电磁辐射有关的活动时，都要到政府的环境保护机构办理相关手续，不得擅自开展与电磁辐射有关的活动，威胁电磁环境安全。目前，各级电磁环境管理机构已经做到了杜绝电磁环境污染严重的项目开工建设，有电磁辐射活动的各级组织全部履行报告审批。全部从事有关电磁辐射相关活动的组织、自然人，必须依法编制环境影响报告，不能私自改变批准报告的设备功率等。环境影响评价的学术研究和相关规范、标准的制定是电网企业进行输变电工程项目环境影响评价的基础。从发达国家的成功经验中能够发现，正确的环境影响评价能够有效地指导输变电工程项目的实施过程；而且伴随着输变电工程项目环境影响评价在方法理论上研究的不断深入和相关制度、标准的不断完善，电网企业对输变电工程项目进行环境影响评价会得到更合理、更科学的指导。

# 第二章
# 输变电工程环境影响评价

## 第一节　工程概况与工程分析

依据《环境影响评价技术导则　输变电工程》（HJ 24—2014），输变电工程指将电能的特性（主要指电压、交流或直流）进行变换并从电能供应地输送至电能需求地的工程项目。

输变电工程可以分为交流输变电工程和直流输电工程，其中交流输变电工程包括输电线路和变电站（或开关站、串补站），直流输电工程包括输电线路、换流站和接地极系统。

### 一、工程概况

依据《环境影响评价技术导则　输变电工程》（HJ 24—2014），输变电工程概况见表2-1。

表2-1　　　　　　　　　　　　输变电工程概况

| 分类 | 说　　明 |
| --- | --- |
| 工程一般特性 | 　　工程名称、建设性质、建设地点、建设内容、建设规模、线路路径、站址、电压、电流、布局、塔型、线型、设备容量、跨越情况、职工人数等内容，并应附区域地理位置图、总平面布置示意图、线路路径示意图（应明确线路与环境敏感区相对位置关系）等。工程组成中应包括相关装置、公用工程、辅助设施等内容。直流工程应说明接地极系统情况 |
| 工程占地及物料、资源等消耗 | 　　永久和临时占地面积及类型，对工程占用基本农田、基本草原的情况也应列表说明。说明主要物料、资源的数量、来源、储运方式等情况 |
| 施工工艺和方法 | 　　施工组织、施工工艺和方法等 |
| 主要经济技术指标 | 　　投资额、建设周期、环保投资等 |
| 已有工程情况 | 　　改扩建输变电工程环境影响评价应按评价工作程序的基本要求，说明该期工程与已有工程的关系。报告书应包括前期工程的环境问题、影响程度、环保措施及实施效果，以及主要评价结论等回顾性分析的内容。若前期工程已通过建设项目竣工环境保护验收，还应包括最近一期工程竣工环境保护验收的主要结论 |

### 二、交流输变电

依据《环境影响评价技术导则　输变电工程》（HJ 24—2014），输电线路指用于电力系统两点间输电的导线、绝缘材料、杆塔等组成的设施；变电站作为电力系统的一部分，

其功能是变化电压等级、汇集配送电能，主要包括变压器、母线、线路开关设备、建筑物及电力系统安全和控制所需的设备；工频电场指随时间作 50Hz 周期变化的电荷产生的电场；工频磁场指随时间作 50Hz 周期变化的电流产生的磁场。

交流输变电工程环境影响分析见表 2-2。

表 2-2　　　　　　　　　　　交流输变电工程环境影响分析

| 分　类 | | 影　响　分　析 |
|---|---|---|
| 施工期产生的环境影响 | 施工噪声 | 施工机械和车辆会产生噪声 |
| | 土地占用 | 变电站会永久占用土地，改变土地性质。相关构筑物及设施甚至会占用基本农田。施工会产生大量的弃土，占用土地 |
| | 生态影响 | 林木砍伐、植被破坏、临时性用地、施工便道等都会对生态环境造成影响 |
| | 废污水 | 施工污水、清洗机械产生的污水、施工人员产生的生活污水都会对环境产生影响 |
| 运行期产生的环境影响 | 工频电场 | 输电线路和设备会产生工频电场 |
| | 工频磁场 | 输电线路和设备会产生工频磁场 |
| | 无线电干扰 | 输电线路和变电站设备会对无线电产生干扰 |
| | 噪声 | 输电线路和变电站设备会产生噪声 |
| | 废污水 | 站内会产生少量生活污水 |

**三、直流输电**

依据《环境影响评价技术导则　输变电工程》（HJ 24—2014），换流站指安装有换流器且主要用于将交流转换成直流或将直流转换成交流的变电站；合成电场指直流带电导体上电荷产生的电场与导体电晕引起的空间电荷产生的电场合成后的电场。

直流输变电工程环境影响分析见表 2-3。

表 2-3　　　　　　　　　　　直流输变电工程环境影响分析

| 分　类 | | 影　响　分　析 |
|---|---|---|
| 施工期产生的环境影响 | 施工噪声 | 施工机械和车辆会产生噪声 |
| | 土地占用 | 换流站会永久占用土地，改变土地性质。相关构筑物及设施甚至会占用基本农田。施工会产生大量的弃土，占用土地 |
| | 生态影响 | 林木砍伐、植被破坏、临时性用地、施工便道等都会对生态环境造成影响 |
| | 废污水 | 施工污水、清洗机械产生的污水、施工人员产生的生活污水都会对环境产生影响 |
| 运行期产生的环境影响 | 合成电场 | 输电线路的电荷和电晕现象会引起电场效应，造成电气放电 |
| | 直流磁场 | 输电线路导线周围会产生磁场 |
| | 工频电场 | 换流站会产生工频电场 |
| | 工频磁场 | 换流站会产生工频磁场 |
| | 无线电干扰 | 输电线路和换流站设备会对无线电产生干扰 |
| | 噪声 | 输电线路和换流站设备会产生噪声 |
| | 废污水 | 换流站内会产生少量生活污水 |

## 🏛 第二节 电磁环境影响评价

开展电磁环境影响评价的单位在接受环评任务后，应成立相应的环评小组，对工程认真分析研究，进行现场踏勘，收集相关资料；委托具备相应资质的监测单位对工程所在地区的环境质量现状进行监测；委托具备相应资质的单位对工程进行生态环境现状调查及分析评价；征求工程沿线各级环境保护部门对工程的意见和建议；结合工程的实际情况进行环境影响预测及评价，制定相应的环境保护措施；根据相关的技术规范、技术导则要求，编制完成相应的环评文件。

### 一、评价依据

输变电工程环境影响评价应依据国家环境保护法律法规、国家与地方环境保护相关标准、行业规范、城乡规划相关资料、工程资料，以及规划环境影响评价（如有）相关资料等开展。电磁环境影响评价依据见表2-4。

表2-4 　　　　　　　　　　　　　电磁环境影响评价依据

| 分类 | 评价依据 |
| --- | --- |
| 环境保护法律法规 | 环境保护、生态保护、环境影响评价、污染防治等国家法律法规，相关地方法规、部门规章，以及环境功能区划 |
| 环境保护相关标准 | 环境影响评价技术导则、环境质量标准、国家与地方污染物排放标准，以及环境监测等相关标准 |
| 行业规范 | 输变电工程建设、设计、施工等技术规范及环境保护有关规范 |
| 城乡规划相关资料 | 环境保护规划、生态建设规划等 |
| 工程资料 | 工程可行性研究报告及其评审意见、综合经济部门同意开展工程前期工作的意见、工程相关勘察报告、环境影响评价任务委托书等 |
| 规划环境影响评价相关资料 | 电网规划或其他相关规划环境影响评价报告书及其审查意见，特别是涉及工程选线选址、线路走向、架线方式等规划方案的指导性意见。环境影响评价文件应附当地有关部门关于同意选线选址的意见，当工程方案涉及自然保护区、风景名胜区、世界文化和自然遗产地、饮用水水源保护区等环境敏感区时，应有相应政府主管部门的意见。对于工程沿线未划定环境功能区的，需附当地环境保护主管部门确认适用标准的相关文件 |

### 二、评价等级划分

环境影响评价按建设项目的特点、所在地区的环境特征、相关法律法规、标准及规划、环境功能区划等划分各环境要素、各专题评价工作等级。

1. 电磁环境影响评价工作等级划分

电磁环境影响评价工作等级划分为三级。一级评价对电磁环境影响进行全面、详细、深入的评价；二级评价对电磁环境影响进行较为详细、深入的评价；三级评价可只进行电磁环境影响分析。工作等级的划分见表2-5。

开关站、串补站电磁环境影响评价等级根据表2-5中同电压等级的变电站确定；换流站电磁环境影响评价等级以直流侧电压为准，依照表2-5中的直流工程确定。

进行电磁环境影响评价工作等级划分时，如工程涉及多个电压等级或涉及交、直流的组合时，应以相应的最高工作等级进行评价。

表2-5 输变电工程电磁环境影响评价工作等级划分

| 分类 | 电压等级 | 工程 | 条 件 | 评价工作等级 |
|---|---|---|---|---|
| 交流 | 110kV | 变电站 | 户内式、地下式 | 三级 |
| | | | 户外式 | 二级 |
| | | 输电线路 | (1)地下电缆。<br>(2)边导线地面投影外两侧各10m范围内无电磁环境敏感目标的架空线 | 三级 |
| | | | 边导线地面投影外两侧各10m范围内有电磁环境敏感目标的架空线 | 二级 |
| | 220~330kV | 变电站 | 户内式、地下式 | 三级 |
| | | | 户外式 | 二级 |
| | | 输电线路 | (1)地下电缆。<br>(2)边导线地面投影外两侧各15m范围内无电磁环境敏感目标的架空线 | 三级 |
| | | | 边导线地面投影外两侧各15m范围内有电磁环境敏感目标的架空线 | 二级 |
| | 500kV及以上 | 变电站 | 户内式、地下式 | 二级 |
| | | | 户外式 | 一级 |
| | | 输电线路 | (1)地下电缆。<br>(2)边导线地面投影外两侧各20m范围内无电磁环境敏感目标的架空线 | 二级 |
| | | | 边导线地面投影外两侧各20m范围内有电磁环境敏感目标的架空线 | 一级 |
| 直流 | ±400kV及以上 | — | — | 一级 |
| | 其他 | — | — | 二级 |

注 根据同电压等级的变电站确定开关站、串补站的电磁环境影响评价工作等级，根据直流侧电压等级确定换流站的电磁环境影响评价工作等级。

2. 生态环境影响评价工作等级划分

生态环境影响评价工作等级划分参照《环境影响评价技术导则 生态影响》(HJ 19—2011)中生态环境影响评价工作等级的划分。

输变电工程中架空线路工程对生态敏感区的影响为点位间隔式，架空线路工程(含间隔)生态影响评价工作等级可在依据HJ 19—2011进行判断的基础上，结合HJ 2.1中有关评价工作等级调整的原则，评价等级向下调整不超过一个级别，并说明调整的具体理由。

根据《环境影响评价技术导则 生态影响》(HJ 19—2011)，依据影响区域的生态敏感性和评价项目的工程占地(含水域)范围，包括永久占地和临时占地，将生态影响评价工作等级划分为一级、二级和三级，如表 2-6 所示。位于原厂界（或永久用地）范围内的工业类改扩建项目，可做生态影响分析。

当工程占地（含水域）范围的面积或长度分别属于两个不同评价工作等级时，原则上应按其中较高的评价工作等级进行评价。改扩建工程的工程占地范围以新增占地（含水域）面积或长度计算。

表 2-6                输变电工程生态影响评价工作等级划分

| 影响区域生态敏感性 | 工程占地（水域）范围 | | |
|---|---|---|---|
| | 面积≥20km² 或长度≥100km | 面积为 2~20km² 或长度为 50~100km | 面积≤2km² 或长度≤50km |
| 特殊生态敏感区 | 一级 | 一级 | 一级 |
| 重要生态敏感区 | 一级 | 二级 | 三级 |
| 一般区域 | 二级 | 三级 | 三级 |

依据 HJ 19—2011，特殊生态敏感区指具有极重要的生态服务功能，生态系统极为脆弱或已有较为严重的生态问题，如遭到占用、损失或破坏后所造成的生态影响后果严重且难以预防、生态功能难以恢复和替代的区域，包括自然保护区、世界文化和自然遗产地等；重要生态敏感区具有相对重要的生态服务功能或生态系统较为脆弱，如遭到占用、损失或破坏后所造成的生态影响后果较严重，但可以通过一定措施加以预防、恢复和替代的区域，包括风景名胜区、森林公园、地质公园、重要湿地、原始天然林、珍稀濒危野生动植物天然集中分布区、重要水生生物的自然产卵场及索饵场、越冬场和洄游通道、天然渔场等；一般区域指除特殊生态敏感区和重要生态敏感区以外的其他区域。

3. 声环境影响评价工作等级划分

依据《环境影响评价技术导则 声环境》（HJ 2.4—2009），声环境影响评价工作等级一般分为三级，一级为详细评价，二级为一般性评价，三级为简要评价，等级划分见表 2-7。

表 2-7                输变电工程声环境影响评价工作等级划分

| 等级 | 范围 |
|---|---|
| 一级 | 评价范围内有适用于 GB 3096 规定的 0 类声环境功能区域，以及对噪声有特别限制要求的保护区等敏感目标，或建设项目建设前后评价范围内敏感目标噪声级增高量达 5dB（A）以上［不含 5dB（A）］，或受影响人口数量显著增多时 |
| 二级 | 建设项目所处的声环境功能区为 GB 3096 规定的 1 类和 2 类地区，或建设项目建设前后评价范围内敏感目标噪声级增高量达 3~5dB（A）［含 5dB（A）］，或受噪声影响人口数量增加较多时 |
| 三级 | 建设项目所处的声环境功能区为 GB 3096 规定的 3 类和 4 类地区，或建设项目建设前后评价范围内敏感目标噪声级增高量在 3dB（A）以下［不含 3dB（A）］，且受影响人口数量变化不大时 |

敏感目标指医院、学校、机关、科研单位、住宅、自然保护区等对噪声敏感的建筑物或区域。

依据《声环境质量标准》（GB 3096—2008）和《声环境功能区划分技术规范》（GB/T 15190—2014），按区域的使用功能特点和环境质量要求，声环境功能区分为五种类型，具体分类见表2-8和表2-9。

**表2-8** 声环境功能区分类

| 分类 | 范围 |
|---|---|
| 0类声环境功能区 | 康复疗养区等特别需要安静的区域 |
| 1类声环境功能区 | 指以居民住宅、医疗卫生、文化教育、科研设计、行政办公为主要功能，需要保持安静的区域 |
| 3类声环境功能区 | 指以商业金融、集市贸易为主要功能，或者居住、商业、工业混杂，需要维护住宅安静的区域 |
| 3类声环境功能区 | 指以工业生产、仓储物流为主要功能，需要防止工业噪声对周围环境产生严重影响的区域 |
| 4类声环境功能区 | 指交通干线两侧一定距离之内，需要防止交通噪声对周围环境产生严重影响的区域，包括4a类和4b类两种类型。4a类为高速公路、一级公路、二级公路、城市快速路、城市主干路、城市次干路、城市轨道交通（地面段）、内河航道两侧区域；4b类为铁路干线两侧区域 |
| 其他规定 | 大型工业区中的生活小区，根据其与生产现场的距离和环境噪声现状水平，可从工业区中划出，定为2类或1类声环境功能区<br>铁路和城市轨道交通（地面）场站、公交枢纽、港口站场、高速公路服务区等具有一定规模的交通服务区域，划为4a类或4b类声环境功能区 |

**表2-9** 乡村声环境功能区分类

| 分类 | 范围 |
|---|---|
| 0类声环境功能区 | 位于乡村的康复疗养区 |
| 1类声环境功能区 | 村庄原则上执行1类声环境功能区要求 |
| 3类声环境功能区 | 工业活动较多的村庄，以及有交通干线经过的村庄（指执行4类声环境功能区要求以外的地区）的局部或全部；集镇 |
| 3类声环境功能区 | 独立于村庄、集镇之外的工业、仓储集中区 |
| 4类声环境功能区 | 交通干线边界线外一定距离内的区域：<br>a）相邻区域为1类声环境功能区，距离为50m±5m；<br>b）相邻区域为2类声环境功能区，距离为35m±5m；<br>c）相邻区域为3类声环境功能区，距离为20m±5m。<br>当临街建筑高于三层楼房以上（含三层）时，将临街建筑面向交通干线一侧至交通干线边界线的区域定为4a类声环境功能区 |

各类声环境功能区的环境噪声等效声级限值见表2-10。

**表2-10** 环境噪声限值 dB（A）

| 声环境功能区类别 | 时段 | |
|---|---|---|
| | 昼间 | 夜间 |
| 0类 | 50 | 40 |
| 1类 | 55 | 45 |
| 2类 | 60 | 50 |
| 3类 | 65 | 55 |

续表

| 声环境功能区类别 | | 时段 | |
|---|---|---|---|
| | | 昼间 | 夜间 |
| 4类 | 4a类 | 70 | 55 |
| | 4b类 | 70 | 60 |

4. 地表水环境影响评价工作等级

依据《环境影响评价技术导则　地面水环境》（HJ/T 2.3—1993），地面水环境影响评价工作等级分为三级，等级划分见表2-11。

表2-11　　　　　　　　输变电工程地面水环境影响评价工作等级划分

| 建设项目 污水排放量（m³/d） | 建设项目 污水水质的复杂程度 | 一级 地面水域规模（大小规模） | 一级 地面水水质要求（水质类别） | 二级 地面水域规模（大小规模） | 二级 地面水水质要求（水质类别） | 三级 地面水域规模（大小规模） | 三级 地面水水质要求（水质类别） |
|---|---|---|---|---|---|---|---|
| 排放量 ≥20000 | 复杂 | 大 | I～III | 大 | IV、V | | |
| | | 中、小 | I～IV | 中、小 | V | | |
| | 中等 | 大 | I～III | 大 | IV、V | | |
| | | 中、小 | I～IV | 中、小 | V | | |
| | 简单 | 大 | I、II | 大 | III～V | | |
| | | 中、小 | I～III | 中、小 | IV、V | | |
| 10000 ≤排放量 <20000 | 复杂 | 大 | I～III | 大 | IV、V | | |
| | | 中、小 | I～IV | 中、小 | V | | |
| | 中等 | 大 | I、II | 大 | III、IV | 大 | V |
| | | 中、小 | I、II | 中、小 | III～V | | |
| | 简单 | | | 大 | I～III | 大 | IV、V |
| | | 中、小 | I | 中、小 | II～IV | 中、小 | V |
| 5000≤排放量 <10000 | 复杂 | 大、中 | I、II | 大、中 | III、IV | 大、中 | V |
| | | 小 | I、II | 小 | III、IV | 小 | V |
| | 中等 | | | 大、中 | I～III | 大、中 | IV、V |
| | | 小 | I | 小 | II～IV | 小 | V |
| | 简单 | | | 大、中 | I、II | 大、中 | III～V |
| | | | | 小 | I～III | 小 | IV、V |
| 1000≤排放量 <5000 | 复杂 | | | 大、中 | I～III | 大、中 | IV、V |
| | | 小 | I | 小 | II～IV | 小 | V |
| | 中等 | | | 大、中 | I、II | 大、中 | III～V |
| | | | | 小 | I～III | 小 | IV、V |
| | 简单 | | | | | 大、中 | I～IV |
| | | | | 小 | I | 小 | II～V |

续表

| 建设项目 | 建设项目 | 一级 | | 二级 | | 三级 | |
|---|---|---|---|---|---|---|---|
| 污水排放量（m³/d） | 污水水质的复杂程度 | 地面水域规模（大小规模） | 地面水水质要求（水质类别） | 地面水域规模（大小规模） | 地面水水质要求（水质类别） | 地面水域规模（大小规模） | 地面水水质要求（水质类别） |
| 200≤排放量<1000 | 复杂 | | | | | 大、中 | I～IV |
| | | | | | | 小 | I～V |
| | 中等 | | | | | 大、中 | I～IV |
| | | | | | | 小 | I～V |
| | 简单 | | | | | 中、小 | I～IV |

根据污染物在水环境中输移、衰减的特点及其预测模式，将污染物分为四类，见表2-12。

表2-12 水环境中污染物分类

| 序号 | 污染物 | 备注 |
|---|---|---|
| 1 | 持久性污染物 | 其中还包括在水环境中难降解、毒性大、易长期积累的有毒物质 |
| 2 | 非持久性污染物 | |
| 3 | 酸和碱 | 以pH值表征 |
| 4 | 热污染 | 以温度表征 |

常规水质参数以GB 3838中所提出的pH值、溶解氧、高锰酸盐指数、五日生化需氧量、凯氏氮或非离子氨、酚、氰化物、砷、汞、铬（六价）、总磷，以及水温为基础，根据水域类别、评价等级、污染源状况适当删减。

特征水质参数根据建设项目特点、水域类别及评价等级选定。

污水水质的复杂程度按污水中拟预测的污染物类型，以及某类污染物中水质参数的多少划分为复杂、中等和简单三类，见表2-13。

表2-13 污水水质复杂程度

| 分类 | 说明 |
|---|---|
| 复杂 | 污染物类型数≥3，或者只含有两类污染物，但需预测其浓度的水质参数数目≥10 |
| 中等 | 污染物类型数＝2，且需预测其浓度的水质参数数目<10；或者只含有一类污染物，但预测其浓度的水质参数数目≥7 |
| 简单 | 污染物类型数＝1，需预测浓度的水质参数数目<7 |

各类地面水域的规模是指地面水体的大小规模，见表2-14。

表2-14 地 面 水 域 规 模

| 分　类 | 说明 | | |
|---|---|---|---|
| 河流与河口，按建设项目排污口附近河段的多年平均流量或平水期平均流量划分 | 大河 | 中河 | 小河 |
| | ≥150m³/s | 15～150m³/s | <15m³/s |

续表

| 分　类 | 说　明 | | |
|---|---|---|---|
| 湖泊和水库，按枯水期湖泊或水库的平均水深及水面面积划分 | 当平均水深≥10m时 | | |
| | 大湖（库） | 中湖（库） | 小湖（库） |
| | ≥25km² | 2.5～25km² | <2.5km² |
| | 当平均水深<10m时 | | |
| | 大湖（库） | 中湖（库） | 小湖（库） |
| | ≥50km² | 5～50km² | <5km² |

地面水水质要求依据地表水水域环境功能和保护目标，按功能高低依次划分为五类，见表 2-15。

表 2-15　　　　　　　　　　　地面水水质要求

| 分类 | 水质要求 |
|---|---|
| Ⅰ类 | 主要适用于源头水、国家自然保护区 |
| Ⅱ类 | 主要适用于集中式生活饮用水地表水源地一级保护区、珍稀水生生物栖息地、鱼虾类产卵场、仔稚幼鱼的索饵场等 |
| Ⅲ类 | 主要适用于集中式生活饮用水地表水源地二级保护区、鱼虾类越冬场、洄游通道、水产养殖区等渔业水域及游泳区 |
| Ⅳ类 | 主要适用于一般工业用水区及人体非直接接触的娱乐用水区 |
| Ⅴ类 | 主要适用于农业用水区及一般景观要求水域 |

### 三、评价范围

1. 电磁环境影响评价范围

依据《环境影响评价技术导则　输变电工程》（HJ 24—2014），电磁环境影响评价范围见表 2-16。

表 2-16　　　　　　　　　　电磁环境影响评价范围

| 分类 | 电压等级 | 评 价 范 围 | | |
|---|---|---|---|---|
| | | 变电站、换流站、开关站、串补站 | 线路 | |
| | | | 架空线路 | 地下电缆 |
| 交流 | 110kV | 站界外 30m | 边导线地面投影外两侧各 30m | 电缆管廊两侧边缘各外延 5m（水平距离） |
| | 220～330kV | 站界外 40m | 边导线地面投影外两侧各 40m | |
| | 500kV 及以上 | 站界外 50m | 边导线地面投影外两侧各 50m | |
| 直流 | ±100kV 及以上站界外 50m | 极导线地面投影外两侧各 50m | ±100kV 及以上站界外 50m | |

2. 生态环境影响评价范围

依据《环境影响评价技术导则　输变电工程》（HJ 24—2014），生态环境影响评价范

围如下：变电站、换流站、开关站、串补站生态环境影响评价范围为站场围墙外 500m 内；不涉及生态敏感区的输电线路段生态环境影响评价范围为线路边导线地面投影外两侧各 300m 内的带状区域；涉及生态敏感区的输电线路段生态环境影响评价范围为线路边导线地面投影外两侧各 1000m 内的带状区域。

3. 声环境影响评价范围

依据《环境影响评价技术导则 输变电工程》（HJ 24—2014），变电站、换流站、开关站、串补站的声环境影响评价范围应按照 HJ 2.4 的相关规定确定；架空输电线路工程的声环境影响评价范围参照电磁环境影响评价范围中相应电压等级线路的评价范围；地下电缆可不进行声环境影响评价。

### 四、环境影响因素识别和评价因子筛选

1. 施工期环境影响因素识别

施工期环境影响因素识别见表 2-17。

表 2-17 施工期环境影响因素识别

| 序号 | 影响因素 | 备 注 |
|---|---|---|
| 1 | 水土流失 | 施工时的土方开挖，土方平衡中的填土、弃土，以及建设过程中植被的破坏，导致水土流失问题 |
| 2 | 施工噪声 | 各类施工机械噪声可能对周围居民生活产生影响 |
| 3 | 施工扬尘 | 施工开挖造成土地裸露，产生的二次扬尘可能对周围环境产生暂时性的和局部的影响 |
| 4 | 施工废污水 | 施工过程中产生的生活污水及施工废水若不经处理，则可能对地面水环境及周围其他环境要素产生不良影响 |
| 5 | 施工固体废物 | 施工过程中产生的建筑垃圾及生活垃圾不妥善处理时对环境产生不良影响 |
| 6 | 生态影响 | 施工噪声、施工占地、水土流失等各项环境影响因素均可能对生态环境产生影响 |
| 7 | 其他影响 | 土地占用影响（站址、线路塔基占地及施工临时用地改变土地功能） |

2. 运行期环境影响因素识别

运行期环境影响因素识别见表 2-18。

表 2-18 运行期环境影响因素识别

| 序号 | 影响因素 | 备 注 |
|---|---|---|
| 1 | 工频电场、工频磁场 | 高压线及电气设备附近，因高电压、大电流产生较强的电场、磁场；线路运行时产生电场、磁场 |
| 2 | 噪声 | 电气设备在运行时会产生各种噪声，主要有电气设备所产生的电磁噪声和冷却风扇产生的空气动力噪声。输电线路运行噪声主要来源于恶劣天气条件下，导线、金具产生的电晕放电噪声 |
| 3 | 污水 | 站内污水主要来源于值班人员产生的生活污水，生活污水可以通过管道收集并送至地埋式一体化污水处理装置内，经二级生化处理达到《污水综合排放标准》（GB 8978—1996）所规定的一级标准后用于站区绿化，不外排。<br>输电线路运行期无污水产生 |

| 序号 | 影响因素 | 备　注 |
|------|----------|--------|
| 4 | 油污水 | 电气设备为了绝缘和冷却的需要，其外壳内装有变压器油，正常运行工况条件下，不会发生电气设备漏油、跑油的现象，亦无弃油产生；当发生事故时，有可能产生油污水。当突发事故时设备废油排入事故油池，经隔油处理后，变压器油由厂家回收，废油交由有危险废物处理资质的单位处置，不外排 |
| 5 | 生态影响 | 设备和线路的运行维护过程，会对生态产生影响 |

### 五、环境现状调查与评价

依据《建设项目环境影响评价技术导则　总纲》（HJ 2.1—2016），对与建设项目有密切关系的环境要素应全面、详细调查，给出定量的数据并作出分析或评价。对于自然环境的现状调查，可根据建设项目情况进行必要说明。应充分收集和利用评价范围内各例行监测点、断面或站位的近三年环境监测资料或背景值调查资料，当现有资料不能满足要求时，应进行现场调查和测试。现状监测和观测网点应根据各环境要素环境影响评价技术导则要求布设，兼顾均布性和代表性原则。符合相关规划环境影响评价结论及审查意见的建设项目，可直接引用符合时效的相关规划环境影响评价的环境调查资料及有关结论。

1. 电磁环境现状调查

依据《环境影响评价技术导则　输变电工程》（HJ 24—2014），电磁环境现状调查内容见表 2-19。

表 2-19　　　　　　　　　电磁环境现状调查内容

| 类别 | 内　容 |
|------|--------|
| 区域概况 | 行政区划、地理位置、区域地势、交通等，并附地理位置图 |
| 地形地貌 | 根据现有资料，概要说明工程所涉及区域的地形特征、地貌类型（山地、丘陵、平原、河网等）。若无可查资料，应做必要的现场调查 |
| 地质 | 根据现有资料，概要说明工程所涉及区域的地质状况 |
| 水文特征 | 根据现有资料，概要说明输变电工程所涉及水体与工程的关系及其水文特征 |
| 气候气象特征 | 利用工程所在地气象台（站）的现有统计资料，概要说明所涉及区域的气候、气象特征 |
| 社会环境 | 根据现有资料，概要说明工程所涉及地区人口数量、交通运输和其他社会经济活动等情况 |

2. 电磁环境现状评价

依据《环境影响评价技术导则　输变电工程》（HJ 24—2014），电磁环境现状评价内容见表 2-20。

表 2-20　　　　　　　　　电磁环境现状评价内容

| 分类 | | 评　价　内　容 |
|------|------|----------------|
| 监测因子 | 交流工程 | 工频电场、工频磁场 |
| | 直流工程 | 合成电场 |
| | 换流站工程 | 工频电场、工频磁场、合成电场 |

| 分类 | | 评 价 内 容 |
|---|---|---|
| 监测点位 | 敏感目标 | 敏感目标的布点方法以定点监测为主 |
| | 输电线路路径 | 需对沿线电磁环境现状进行监测，尽量沿线路路径均匀布点，兼顾行政区及环境特征的代表性［线路路径长度（$L$）<100km，测点数量≥2个；100km≤$L$<500km，测点数量≥4个；$L$≥500km，测点数量≥6个］ |
| | 站址 | 以围墙四周均匀布点监测为主，如新建站址附近无其他电磁设施，则布点可简化，视情况在围墙四周布点或仅在站址中心布点监测 |
| 监测频次 | | 各监测点位监测一次 |
| 监测方法及仪器 | | 按照 HJ 681、DL/T 1089 的规定选择 |
| 监测结果 | | 列表给出监测结果，同时可辅以图、线等形式说明，并附质量保证的相关资料 |
| 评价及结论 | | 对照评价标准进行评价，并给出评价结论 |

3. 声环境现状调查

依据《环境影响评价技术导则 声环境》（HJ 2.4—2009），声环境现状调查内容见表 2-21。

表 2-21　　　　　　　　　　　声环境现状调查内容

| 分类 | 内 容 |
|---|---|
| 影响声波传播的环境要素 | 调查建设项目所在区域的主要气象特征，如年平均风速和主导风向，年平均气温，年平均相对湿度等。收集评价范围内 1:2000～1:50000 地理地形图，说明评价范围内声源和敏感目标之间的地貌特征、地形高差及影响声波传播的环境要素 |
| 声环境功能区划 | 调查评价范围内不同区域的声环境功能区划情况，调查各声环境功能区的声环境质量现状 |
| 敏感目标 | 调查评价范围内敏感目标的名称、规模、人口的分布等情况，并以图、表相结合的方式说明敏感目标与建设项目的关系（如方位、距离、高差等） |
| 现状声源 | 建设项目所在区域的声环境功能区的声环境质量现状超过相应标准要求或噪声值相对较高时，需对区域内主要声源的名称、数量、位置、影响的噪声级等相关情况进行调查。有厂界（或场界、边界）噪声的改、扩建项目，应说明现有建设项目厂界（或场界、边界）噪声的超标、达标情况及超标原因 |

4. 声环境现状评价

依据《环境影响评价技术导则 声环境》（HJ 2.4—2009），声环境现状评价内容见表 2-22。

表 2-22　　　　　　　　　　　声电磁环境现状评价

| 分类 | 内 容 |
|---|---|
| 监测布点原则 | 布点应覆盖整个评价范围，包括厂界（或场界、边界）和敏感目标。当敏感目标高于（含）三层建筑时，还应选取有代表性的不同楼层设置测点 |
| | 评价范围内没有明显的声源（如工业噪声、交通运输噪声、建设施工噪声、社会生活噪声等），且声级较低时，可选择有代表性的区域布设测点 |
| | 评价范围内有明显的声源，并对敏感目标的声环境质量有影响，或建设项目为改、扩建工程，应根据声源种类采取不同的监测布点原则 |

续表

| 分类 | 内　　容 |
|---|---|
| 监测方法 | 声环境现状监测的方法按照 GB 3096、GB 12348 中的规定执行 |
| 现状评价 | 以图、表结合的方式给出评价范围内的声环境功能区及其划分情况，以及现有敏感目标的分布情况 |
| | 分析评价范围内现有主要声源种类、数量及相应的噪声级、噪声特性等，明确主要声源分布 |
| | 分别评价不同类别的声环境功能区内各敏感目标的超、达标情况，说明其受到现有主要声源的影响状况 |
| | 给出不同类别的声环境功能区噪声超标范围内的人口数及分布情况 |

5. 生态环境现状调查

依据《环境影响评价技术导则　生态影响》（HJ 19—2011），生态环境现状调查要求见表 2-23。

表 2-23　　　　　　　　　　生态环境现状调查要求

| 序号 | 要　　求 |
|---|---|
| 1 | 生态现状调查是生态现状评价、影响预测的基础和依据，调查的内容和指标应能反映评价工作范围内的生态背景特征和现存的主要生态问题。在有敏感生态保护目标（包括特殊生态敏感区和重要生态敏感区）或其他特别保护要求对象时，应做专题调查 |
| 2 | 生态现状调查应在收集资料的基础上开展现场工作，生态现状调查的范围应不小于评价工作的范围 |
| 3 | 一级评价应给出采样地样方实测、遥感等方法测定的生物量、物种多样性等数据，给出主要生物物种名录、受保护的野生动植物物种等调查资料 |
| 4 | 二级评价的生物量和物种多样性调查可依据已有资料推断，或实测一定数量的、具有代表性的样方予以验证 |
| 5 | 三级评价可充分借鉴已有资料进行说明 |

依据《环境影响评价技术导则　生态影响》（HJ 19—2011），生态环境现状调查内容见表 2-24。

表 2-24　　　　　　　　　　生态环境现状调查

| 分类 | 要　　求 |
|---|---|
| 生态背景调查 | 根据生态影响的空间和时间尺度特点，调查影响区域内涉及的生态系统类型、结构、功能和过程，以及相关的非生物因子特征（如气候、土壤、地形地貌、水文及水文地质等），重点调查受保护的珍稀濒危物种、关键种、土著种、建群种和特有种，天然的重要经济物种等。如涉及国家级和省级保护物种、珍稀濒危物种和地方特有物种，应逐个或逐类说明其类型、分布、保护级别、保护状况等；如涉及特殊生态敏感区和重要生态敏感区，应逐个说明其类型、等级、分布、保护对象、功能区划、保护要求等 |
| 主要生态问题调查 | 调查影响区域内已经存在的制约本区域可持续发展的主要生态问题，如水土流失、沙漠化、石漠化、盐渍化、自然灾害、生物入侵和污染危害等，指出其类型、成因、空间分布、发生特点等 |

6. 生态环境现状评价

依据《环境影响评价技术导则　生态影响》（HJ 19—2011），生态环境现状评价应在区域生态基本特征现状调查的基础上，对评价区的生态现状进行定量或定性的分析评价，

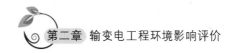

评价应采用文字和图件相结合的表现形式。生态环境现状评价内容见表 2-25。

表 2-25　　　　　　　　　　生 态 环 境 现 状 评 价

| 序号 | 内　　容 |
|---|---|
| 1 | 在阐明生态系统现状的基础上，分析影响区域内生态系统状况的主要原因。评价生态系统的结构与功能状况（如水源涵养、防风固沙、生物多样性保护等主导生态功能）、生态系统面临的压力和存在的问题、生态系统的总体变化趋势等 |
| 2 | 分析和评价受影响区域内动、植物等生态因子的现状组成、分布；当评价区域涉及受保护的敏感物种时，应重点分析该敏感物种的生态学特征；当评价区域涉及特殊生态敏感区或重要生态敏感区时，应分析其生态现状、保护现状和存在的问题等 |

7. 地表水环境现状评价

概要说明输变电工程污水受纳水体的环境功能及现状。

**六、施工期环境影响评价**

依据《环境影响评价技术导则　输变电工程》（HJ 24—2014），施工期环境影响评价内容见表 2-26。

表 2-26　　　　　　　　　施工期环境影响评价

| 分类 | 要　　求 |
|---|---|
| 生态环境影响评价 | 按照 HJ 19 的规定，依据 HJ 24—2014 确定的评价等级和范围，开展生态环境影响评价 |
| 声环境影响分析 | 按照 HJ 2.4 的规定执行。<br>从对周边噪声敏感目标产生不利影响的时间分布、时间长度及控制作业时段、优化施工机械布置等方面进行分析 |
| 施工扬尘分析 | 主要从文明施工、防止物料裸露、合理堆料、定期洒水等施工管理及临时预防措施方面进行分析 |
| 固体废物影响分析 | 主要从弃渣、施工垃圾、生活垃圾等处理措施方面进行分析 |
| 污水排放分析 | 主要从文明施工、合理排水、防止漫排等施工管理及临时预防措施方面进行分析 |

**七、运行期环境影响评价**

1. 电磁环境影响预测与评价

依据《环境影响评价技术导则　输变电工程》（HJ 24—2014），电磁环境影响预测与评价内容见表 2-27。

表 2-27　　　　　　　　电磁环境影响预测与评价

| 分类 | | 要　　求 |
|---|---|---|
| 类比评价 | 类比对象 | 类比对象的建设规模、电压等级、容量、总平面布置、占地面积、架线型式、架线高度、电气形式、母线形式、环境条件及运行工况应与拟建工程相类似，并列表论述其可比性。<br>类比评价时，如国内没有同类型工程，可通过搜集国外资料、模拟试验等手段取得数据、资料进行评价 |

| 分类 | | 要　求 | |
|---|---|---|---|
| 类比评价 | 类比监测因子 | 交流工程 | 工频电场、工频磁场 |
| | | 直流线路工程 | 合成电场 |
| | | 换流站工程 | 工频电场、工频磁场、合成电场 |
| | 监测方法及仪器 | 按照 HJ 681、DL/T 1089 的规定选择 | |
| | 监测布点 | 对于类比对象涉及的电磁环境敏感目标，为定量说明其对敏感目标的影响程度，也可对相关敏感目标进行定点监测。<br>选择监测路径时应考虑结果是否能反映主要源项的影响。给出监测布点图，并给出监测现场照片 | |
| | 类比结果分析 | 类比结果应以表格、趋势图线等方式表达。<br>分析类比结果的规律性、类比对象与拟建工程的差异；分析预测输变电工程电磁环境的影响范围、满足对应标准或要求的范围、最大值出现的区域范围，并对其正确性及合理性进行论述。<br>对于架空输电线路的类比监测结果，必要时进行模式复核并分析 | |
| 架空线路工程模式预测及评价 | 预测因子 | 交流线路工程 | 工频电场、工频磁场 |
| | | 直流线路工程 | 合成电场 |
| | 预测模式 | 根据交流架空输电线路的架线型式、架设高度、相序、线间距、导线结构、额定工况等参数，计算其周围工频电场、工频磁场的分布及对敏感目标的贡献。<br>根据直流架空线路工程的架线形式、架设高度、线间距、导线结构、额定工况等参数，计算其周围合成电场的分布及对敏感目标的贡献 | |
| | 预测工况及环境条件的选择 | 模式预测应给出预测工况及环境条件，应针对电磁环境敏感目标和特定的工程条件及环境条件，合理选择典型情况进行预测。塔型选择时，可主要考虑线路经过居民区时的塔型，也可按保守原则选择电磁环境影响最大的塔型 | |
| | 预测结果及评价 | 预测结果应以表格和等值线图、趋势线图的方式表述。预测结果应给出最大值，给出最大值、符合 GB 8702 限值的对应位置，给出典型线路段的电磁环境预测达标等值线图。<br>对于电磁环境敏感目标，应根据建筑物高度，给出不同楼层的预测结果。<br>通过对照评价标准，评价预测结果，提出治理、减缓电磁环境影响的工程措施，必要时提出避让敏感目标的措施 | |
| 交叉跨越和并行线路环境影响分析 | | 330kV 及以上电压等级的输电线路工程出现交叉跨越或并行时，可采用模式预测或类比监测的方法，从跨越净空距离、跨越方式、并行线路间距、环境敏感特性等方面，对电磁环境影响评价因子进行分析。并行线路中心线间距小于 100m 时，应重点分析其对环境敏感目标的综合影响，并给出对应的环境保护措施 | |
| 电磁环境影响评价结论 | | 根据现状评价、类比评价、模式预测及评价结果，综合评价输变电工程的电磁环境影响 | |

2. 声环境影响预测与评价

依据《环境影响评价技术导则　输变电工程》（HJ 24—2014），声环境影响预测与评价内容见表 2-28。

表 2-28 声环境影响预测与评价

| 分类 | | 要 求 |
|---|---|---|
| 线路工程类比评价 | 类比对象 | 线路工程的噪声源强可采取类比监测的方法确定，并以此为基础进行类比评价。类比对象应选择与拟建工程建设规模、电压等级、容量、架线型式、线高、环境条件及运行工况类似的工程，并充分论述其可比性 |
| | 监测方法及仪器 | 按照 GB 12348 的规定选择 |
| | 监测布点 | 类比线路工程噪声源强。对类比对象应以导线弧垂最大处线路中心的地面投影点为监测原点，沿垂直于线路方向进行，测点间距 5m，依次监测至评价范围边界处。各监测值需扣除该环境背景值，得出不同距离的线路工程噪声源强值 |
| | | 类比声环境敏感目标。在类比对象周边的声环境敏感目标适当布点进行定点监测，并记录监测点与类比对象的相对位置 |
| | 类比分析评价结论 | 类比结果应以表格或图线等方式表达。<br>根据线路工程噪声源强类比监测结果，分析线路工程噪声源强，预测线路工程噪声的影响范围、满足对应标准的范围、最大值出现的区域范围，并对其正确性及合理性进行论述。分析预测工程对周边声环境敏感目标的影响程度及可以采取的减缓和避让措施 |
| 模式预测及评价 | 预测模式 | 对于变电站、换流站、开关站、串补站的声环境影响预测，可采用 HJ 2.4 中的工业声环境影响预测计算模式预测其声环境影响。主要声源的源强可选用设计值，也可通过类比监测确定 |
| | | 进行厂界声环境影响评价时，新建建设项目以工程噪声贡献值作为评价量；改扩建建设项目以工程噪声贡献值与受到现有工程影响的厂界噪声值叠加后的预测值作为评价量 |
| | | 进行敏感目标声环境影响评价时，以敏感目标所受的噪声贡献值与背景噪声值叠加后的预测值作为评价量 |
| | 预测结果及评价 | 测结果应以表格和等声级图的方式表达。<br>对照标准，评价预测结果 |
| 声环境影响评价结论 | | 在现状评价、类比评价、模式预测及评价的基础上，综合评价工程的声环境影响，提出噪声治理、减缓的工程措施，必要时提出避让敏感目标的措施 |

3. 其他环境影响预测与评价

依据《环境影响评价技术导则 输变电工程》（HJ 24—2014），其他环境影响预测与评价内容见表 2-29。

表 2-29 其他环境影响预测与评价

| 分类 | 要 求 |
|---|---|
| 地表水环境影响分析 | 根据评价工作等级的要求和现场调查、收集资料以及区域水体功能区划，主要从水量、处理方式、排放去向、受纳水体，以及处理达标情况等方面对变电站、换流站、开关站、串补站工程的地表水环境影响进行分析评价。生活污水主要评价因子包括 pH 值、COD、$BOD_5$、$NH_3$-N、石油类。换流站存在冷却水外排时，应结合其主要影响因子分析对受纳水体的影响 |

| 分类 | 要　　求 |
|------|----------|
| 固体废物<br>影响分析 | 对变电站、换流站、开关站、串补站内废旧蓄电池、生活垃圾等固体废物来源、数量进行分析，提出储存条件，并明确处置、处理要求 |
| 环境风险<br>分析 | 对变压器、高压电抗器、换流器等事故情况下漏油时可能的环境风险进行简要分析，主要分析事故油坑、油池设置要求，事故油污水的处置要求 |

### 八、环境保护措施及经济技术论证

依据《环境影响评价技术导则　输变电工程》（HJ 24—2014），环境保护措施及其技术、经济论证的内容见表 2-30。

表 2-30　　　　　　　　　　　环境保护措施及其技术、经济论证

| 分类 | 要　　求 |
|------|----------|
| 污染控制<br>措施分析 | 针对环境影响或工程内容提出明确、具体的环境保护措施，如选线的要求、避让具体居民区的要求、抬高线高的要求等。生态保护措施和恢复措施应落实到具体时段和具体点位上，并特别注意施工期的环保措施。对变电站、换流站、开关站、串补站等产生的危险废物（如废旧蓄电池、废变压器油等）的收集、管理和处置，应提出相应的环保措施 |
| 环保措施的<br>经济、技术<br>可行性分析 | 输变电工程环境保护措施应按照技术先进、可行和经济合理的原则，进行方案比选，推荐最佳方案。对于关键性、创新性的环境保护设施，应调查国内外同类设施实际运行结果，分析、论证该环境保护设施的有效性与可靠性。结合环境影响评价结果，论证工程拟采取的环境保护措施实现达标排放、满足环境质量要求的可行性 |
| 环境保护<br>措施 | 指出可能存在的环保问题，并给出对策措施。对工程可研环境保护措施给出补充建议。各项环保措施应明确责任单位和完成期限，对于承建工程的单位应明确其环保职责 |
| 环保投资<br>估算 | 按工程实施的不同时段，分别列出其环保投资额，并分析其合理性。给出各项措施及投资估算一览表，计算环保投资占工程总投资的比例。<br>绿化费用、避让环境敏感目标增加的工程费用、噪声治理费用、生态恢复补偿费用、污水处理设施费用等均应包括在环境保护投资之中 |

## 第三节　环境管理、环境监理及环境监测

### 一、环境管理

依据《环境影响评价技术导则　输变电工程》（HJ 24—2014），环境管理应从环境管理机构、施工期环境管理与环境监理、环境保护设施竣工验收、运行期环境管理、环境保护培训、与相关公众的协调等方面做出规定。

环境管理的任务应包括环境保护法规、政策的执行，环境管理计划的编制，环境保护措施的实施管理，提出设计、招投标文件的环境保护内容及要求，环境质量分析与评价，

环境保护科研和技术管理等。

应根据工程管理体制与环境管理任务设置环境管理体制、管理机构和人员。

应提出降低或减缓因临近线路工程（330kV 及以上），由静电引起的电场刺激等实际影响的具体要求，并建立该类影响的应对机制。

**二、环境监理**

依据《环境影响评价技术导则　输变电工程》（HJ 24—2014），对于涉及自然保护区、风景名胜区、世界文化和自然遗产地、饮用水水源保护区等环境敏感区的输变电工程，评价中应提出开展施工期工程现场环境监理工作的建议。其中包括：分别说明业主、施工单位、监理单位等在施工期工程现场环境监理职责；施工期环境工程现场主要监理内容。

1. 环境监理机构

环境监理机构是环境监理单位依据相关环保法规和环境监理合同，派驻工程现场，履行对工程周边环境和环保工程实施环境监理工作的组织机构。

现场环境监理机构实施环境监理总监负责制，实行环境监理岗位责任制，配备相应的办公设备和环境监理仪器。环境监理人员通过专门的业务培训，取得相应的职业上岗资格证书。

现场环境监理机构由环境监理总监、环境监理工程师、环境监理员和其他工作人员组成。

2. 环境监理人员

环境监理人包括环境监理总监、环境监理工程师和环境监理员。环境监理人员应具有强烈的环保意识和社会责任感，具有良好的环境监理职业道德，始终站在国家和公众的立场处理项目环境问题，具备必要的知识结构和工作实践经验，并以公正、科学的环境管理行为行使环境监理职责。

3. 环境监理过程

环境监理过程见表 2-31。

表 2-31　　　　　　　　　　　环 境 监 理 过 程

| 阶段 | 内　　容 |
| --- | --- |
| 施工图设计及准备阶段环境监理 | 对已开工的标段进行环保审查，并编制相应的审查报告 |
| | 审核施工组织设计，具体项目的施工组织设计中应包括生态保护措施、生态恢复及补偿、"三废"排放环节和去向，以及清洁生产等内容 |
| | 审核施工承包合同中的环境保护专项条款，建设单位在与施工单位签订承包合同条款中应有环境保护方面内容，施工承包单位必须遵循的环境保护有关要求应以专项条款的方式在施工承包合同中体现，并在施工过程中据此加强监督管理、检查、监测，减少施工期对生态的破坏以及对环境的污染，同时应对施工单位的文明施工素质及施工环境管理水平进行审核 |
| 施工期环境监理 | 监督检查各施工工艺污染物排放环节是否按环保对策执行环境保护措施、措施落实情况及效果 |
| | 监督检查施工过程中各类施工设备是否依据有关法规控制噪声污染 |
| | 监督检查施工现场生活污水和生活垃圾是否按规定进行妥善处理处置 |

续表

| 阶段 | | 内　容 |
|---|---|---|
| 施工期<br>环境监理 | | 监督检查施工及运输过程是否对扬尘进行有效抑制 |
| | | 监督检查开挖及回填过程中地表土、草皮等的处置情况 |
| | | 监督检查施工结束后现场清理及地貌恢复情况 |
| | | 监督检查施工期环境监测工作的落实情况，并参与调查处理施工期的环境污染事故和环境污染纠纷 |
| 试运行期<br>环境监理 | 组织初验 | 工程完工、竣工文件编制完成后，承包人向环境监理工程师提交初验申请报告 |
| | | 环境监理工程师审核初验报告 |
| | | 环境监理工程师会同业主代表，组织承包人、设计代表对工程现场和工程资料进行检查 |
| | | 环境总监召集初验会议，讨论决定是否通过初验，并向建设单位提出工程环境初验报告 |
| | 协助建设<br>单位组织<br>竣工验收 | 完成竣工验收小组交办的工作 |
| | | 安排专人保存收集竣工验收时政府环保主管部门的所需资料 |
| | | 提出工程运行前所需的环保部门的各种批复文件，并予以协助办理 |
| | | 编制工程环境监理报告书。工程环境监理报告书的内容主要有：工程概况，监理组织机构及工作起、止时间，监理内容及执行情况，工程的环保分析等 |
| | 整理环境<br>监理竣工<br>资料 | 向业主提交环境监理实施细则 |
| | | 向业主提交业主、设计、承包人的来往文件 |
| | | 向业主提交环境监理备忘录 |
| | | 向业主提交环境监理通知单 |
| | | 向业主提交停（复）工通知单 |
| | | 向业主提交会议记录和纪要 |
| | | 向业主提交环境监理月报 |
| | | 向业主提交工程环境监理报告书 |

### 三、环境监测

依据《环境影响评价技术导则　输变电工程》（HJ 24—2014），环境监测内容见表2-32。

表2-32　　　　　　　　　　　　　　环　境　监　测

| 类别 | 内　容 |
|---|---|
| 环境监测任务 | 制定监测计划，监测工程施工期和运行期环境要素及评价因子的动态变化 |
| | 对工程突发性环境事件进行跟踪监测调查 |
| 监测点位布设 | 监测点位布设应针对施工期和运行期受影响的主要环境要素及因子。监测点位应具有代表性，并优先选择已有监测点位 |
| 监测技术要求 | 监测范围应与工程影响区域相符 |
| | 监测位置与频次应根据监测数据的代表性、生态环境质量的特征、变化和环境影响评价、工程竣工环境保护验收的要求确定 |
| | 监测方法与技术要求应符合国家现行的有关环境监测技术规范和环境监测标准分析方法 |
| | 监测成果应在原始数据基础上进行审查、校核、综合分析后整理编印，并报环境保护主管部门 |
| | 应对监测提出质量保证要求 |

# 第四节 公 众 参 与

随着公众对输变电工程的日益关注，中华人民共和国环保部不断规范环评过程中的公众参与工作，要求建设单位和环境影响评价单位，通过科普宣传及必要的专家论证会和听证会等形式，回答公众关切的问题，传播科学知识，并切实解决好涉及公众切身利益的问题。环保部也在不断改进项目审批及验收的信息公开工作，强化社会监督。

为保障公民、法人和其他组织获取环境信息、参与和监督环境保护的权利，畅通参与渠道，促进环境保护公众参与依法有序发展，环保部已于 2015 年 7 月 2 日颁布了《环境保护公众参与办法》，自 2015 年 9 月 1 日起施行。

依据《建设项目环境影响评价技术导则 总纲》（HJ 2.1—2016），在环境影响评价工作程序中，将公众参与和环境影响评价文件编制工作分离。

**一、公众参与的对象和形式**

依据《环境影响评价技术导则 输变电工程》（HJ 24—2014），公众参与的对象应具有广泛性、代表性、区域均衡性和随机性，包括直接受影响的居民、单位、利益相关公众等。

公众参与可根据输变电工程的实际需要和具体条件，选择采取公告、调查公众意见、咨询专家意见、座谈会、论证会、听证会等形式，公开征求公众意见。

相关单位以法人形式参与输变电工程的选线选址或对输变电工程发表意见也是一种公众参与形式。

在工程审批、技术评估或其他过程中环境保护专家、特定专业的专家、关心工程建设的专家，对工程的意见和建议也是一种公众参与形式。咨询专家意见以文件或会议纪要为主。

**二、调查公众意见**

依据《环境影响评价技术导则 输变电工程》（HJ 24—2014），公众意见的调查方式见表 2-33。

表 2-33 公众意见的调查方式

| 方式 | 内 容 |
|------|------|
| 方法 | 调查公众意见的方法主要有问卷调查、访谈或者座谈会、论证会、听证会等。调查公众意见宜使用统一的调查问卷，以便于对调查对象的意见作统计分析。调查问卷应简洁明了，以选项为主，辅以必要的意见与建议的征询内容 |
| 样本数 | 调查样本总数一般不小于 80 份，单个变电站、换流站、开关站、串补站一般不少于 30 份；对于评价范围内电磁环境敏感目标数量少时，调查样本总数可适当减少。同时，调查样本中评价范围内的样本数不少于总数的 60% |

| 方式 | 内　容 |
|---|---|
| 调查内容 | 调查内容应包括对工程实施的态度，还可包括：对工程的了解程度、对当地环境问题的认识与评价、对工程选线选址的态度、对工程主要环境影响（包括相关特征因子对自然环境、生态、电磁等因素的影响）的认识及态度、对工程采取环境保护措施的建议、对工程环境敏感目标的认识、不支持工程建设的原因等 |
| | 调查问卷中还应包含工程基本情况简介、调查对象的基本资料搜集（如姓名、年龄、性别、文化程度、职业、地址、联系电话、与工程的位置关系）、调查人员的联系方式等内容 |
| 调查结果 | 简述调查样本数、有效样本数、调查对象的数量、基本资料统计情况、相关团体及基层组织的数量、受调查的单位名称和数量等。可用统计表的形式表示 |
| | 统计调查对象对各调查内容表达意见的人数及其比例、提出意见和建议的情况。需注意有关调查表、纪要等需存档备查 |
| 公众参与结果 | 按有关单位意见、咨询专家意见、调查公众意见、公告反馈意见等进行归类与统计分析，并在归类分析的基础上进行综合评述。对每一类意见，均应进行认真分析，给出采纳或未采纳的建议并说明理由。对不支持工程建设的公众要进行回访，并给出原因分析和处理建议 |

第三章

# 电网建设过程中的环境问题及解决措施

电网建设过程中伴随有大气污染、土壤污染、水污染、噪声污染等环境问题。随着电网建设项目的增多及输变电线路的增长，电网建设过程产生的环境问题越来越受到社会各界的关注。

## 第一节　电网建设过程中的大气污染问题及解决措施

### 一、大气污染概念

大气污染是指人类生产、生活活动或自然界向大气排出各种污染物，其含量超过环境承载能力，使大气质量发生恶化，使人们的工作、生活、健康、设备财产，以及生态环境等遭受恶劣影响和破坏。

### 二、污染源分类

污染源可分为天然污染源和人为污染源。

天然污染源是指自然界向大气排放污染物的地点或地区，如排放灰尘、二氧化硫、硫化氢等污染物的活火山，自然逸出的瓦斯气，以及发生森林火灾、地震等自然灾害的地方。

人为污染源分类方法见表 3-1。

表 3-1　　　　　　　　　　人 为 污 染 源 分 类

| 污染源分类方式 | 分　　类 |
| --- | --- |
| 空间分布方式 | 点污染源、面污染源、区域性污染源 |
| 社会活动功能 | 生活污染源、工业污染源、交通污染源等 |
| 污染源存在形式 | 固定污染源和移动污染源 |

### 三、废气污染的成分

对生态环境影响较大和人类健康威胁较大且绝对排放量较大的废气主要包括含 $NO_x$、$SO_2$、P、As、$PH_3$、CO、HF、$C_2HCl_3$、$C_2H_3Cl_3$ 等污染物的有毒气体及其他气体。

### 四、电网建设过程中造成的大气污染

1. 特点

电网项目建设过程中的大气污染来源于施工扬尘，如挖方、建筑垃圾及建筑材料运输

过程中产生的粉尘。施工期间扬尘污染的特点见表3-2。

表3-2　　　　　　　　　　　　　电网施工期扬尘特点

| 特点 | 含　义 |
|---|---|
| 流动性 | 扬尘电不固定，多引发于料土堆放处、物料搬运通道、物料装卸地等处 |
| 瞬时性 | 扬尘过程持续时间短、阵发性，直接受天气影响。大风、干燥天气扬尘大，雨天扬尘小 |
| 无组织排放 | 扬尘点大多敞露，点多面广，难以采取排风集尘措施，扬尘呈现无组织排放 |

2．影响分析

（1）扬尘。电网施工中，松散的土石方会造成地面扬尘污染环境，其扬尘量的大小与诸多因素有关，是一个复杂、较难定量的问题。扬尘浓度与距离之间的关系见表3-3。

表3-3　　　　　　　　　　　扬尘浓度与距离之间的关系

| 距离（m） | 10 | 20 | 30 | 40 | 50 | 100 | 200 |
|---|---|---|---|---|---|---|---|
| 浓度（mg/m³） | 1.75 | 1.30 | 0.78 | 0.365 | 0.345 | 0.33 | 0.29 |

1）施工扬尘较严重，当风速为1.0m/s时，施工工地内的总悬浮颗粒物（TSP）浓度为上风向的1.88倍（平均），增加的浓度值平均为0.278mg/m³。

2）施工场地扬尘的影响范围为其下风向150m之内，被影响地区的总悬浮颗粒物（TSP）浓度平均值50m处为0.345mg/m³，100m处为0.33mg/m³，分别增加0.17mg/m³和0.073mg/m³，150m处持平。

电网建设主要包括变电站建设和输电线路建设，施工期大气污染物的产生源主要有平整场地、开挖基础、运输车辆和施工机械等产生扬尘；建筑材料（水泥、石灰、砂石料）的运输、装卸、存储和使用过程中产生的扬尘；各类施工机械和运输车辆所排放的废气。如遇干旱无雨季节，加上大风，施工扬尘将更严重。

据有关调查显示，施工工地的扬尘主要是由运输车辆的行驶产生的，约占扬尘总量的60%，在完全干燥的情况下，可按下列经验公式计算，即

$$Q = 0.123 \left( \frac{v}{5} \right) \left( \frac{W}{6.8} \right)^{0.85} \left( \frac{P}{0.5} \right)^{0.75}$$

式中　Q——汽车行驶的扬尘，kg/（km·辆）；

　　　V——汽车速度，km/h；

　　　W——汽车载重量，t；

　　　P——道路表面粉尘量，kg/m²。

表3-4所示为一辆载重5t的卡车，通过一段长度为500m的路面时，不同路面清洁程度、不同行驶速度情况下产生的扬尘量。可见在同样的路面清洁情况下，车速越快，扬尘量越大；而在同样的车速情况下，路面清洁度越差，则扬尘量越大。

表 3-4 不同行驶速度下的扬尘量

| $P$ | 0.1（kg/m²） | 0.2（kg/m²） | 0.3（kg/m²） | 0.4（kg/m²） | 0.5（kg/m²） | 1.0（kg/m²） |
| --- | --- | --- | --- | --- | --- | --- |
| 5（km/h） | 0.0283 | 0.0476 | 0.0646 | 0.0801 | 0.0947 | 0.1593 |
| 10（km/h） | 0.0566 | 0.0953 | 0.1291 | 0.1602 | 0.1894 | 0.3186 |
| 15（km/h） | 0.0850 | 0.1429 | 0.1937 | 0.2403 | 0.2841 | 0.4778 |
| 20（km/h） | 0.1133 | 0.1905 | 0.2583 | 0.3204 | 0.3788 | 0.6371 |

施工扬尘的另一种情况是露天堆场和裸露场地的风力扬尘。由于施工需要，一些建材需露天堆放，一些施工点表层土壤需人工开挖、堆放，在气候干燥又有风的情况下会产生扬尘。其扬尘量可按堆场起尘的经验公式计算，即

$$Q = 2.1(V_{50} - V_0)^3 e^{-1.023W}$$

式中　　$Q$——起尘量，kg/（t·年）；

　　　　$V_{50}$——距地面50m处风速，m/s；

　　　　$V_0$——起尘风速，m/s；

　　　　$W$——尘粒含水率，%。

由经验公式可见，该类扬尘的主要特点是与风速和尘粒含水率有关。因此，减少建材的露天堆放和保证一定的含水率是抑制该类扬尘的有效手段。

尘粒在空气中的传播扩散情况与风速等气象条件有关，也与尘粒本身的沉降速度有关。以沙尘土为例，其沉降速度随粒径的增大而迅速增大。当粒径为250μm时，沉降速度为1.005m/s，因此当尘粒大于250μm时，主要影响范围在扬尘点下风向近距离范围内，而真正对外环境产生影响的是一些微小尘粒。根据现场施工季节的气候情况不同，其影响范围和方向也有所不同。施工期间应特别注意施工扬尘的防治问题，须制定必要的防止措施，以减少施工扬尘对周围环境的影响。

（2）机械燃油废气。电网建设项目基础施工多为机械作业，各类燃油动力机械在进行基础开挖、运输等施工活动时排放的废气，主要成分有 $CO$、$NO_2$ 等大气污染物，对施工场地附近的大气环境有一定影响。但由于施工燃油机械为间断施工，价值污染物排放量小，对大气环境不利影响很小，施工结束后影响将消失。

**五、解决措施**

（1）充分有序的施工组织。在施工前对挖土方的顺序、阶段、数量进行科学的分析研究，精心组织，充分利用开挖土方进行回填，减少土方的外运和回运的次数和数量，从而减少大气污染。

（2）选择环保材料。工程施工中产生的粉尘、烟尘及气体污染极难控制，主要应从污染源头进行防治。如文明施工，在搬运水泥、石灰、沙料等易产生粉尘的物料时使用防尘罩，尽量在有净化设备的燃烧室使用沥青锅，在建材选用上侧重于环保材料。

（3）对运输线路进行硬化，并安排人员和设备定期进行洒水压尘，对堆放于现场的土

方及有可能产生扬尘的粉料进行必要的覆盖或堆放于固定设施内。

（4）对现场使用的水泥罐、搅拌站设置布袋除尘器和喷淋除尘器的设施。

（5）采用新工艺、新技术缩短工期，以达到降低大气污染的目的，同时加强对机械设备的保养管理，减少烟气中颗粒污染物的排放。

## 第二节　电网建设过程中的土壤污染问题及解决措施

### 一、土壤污染的概念

土壤是指陆地表面具有肥力、能够生长植物的疏松表层，其厚度一般在 2m 左右。土壤不但为植物生长提供机械支撑能力，并且能为植物生长发育提供所需要的水、肥、气、热等肥力要素。土壤污染是指当土壤中有害物质过多，超过土壤的自净能力，引起土壤的组成、结构和功能发生变化，微生物活动受到抑制，有害物质或其分解产物在土壤中逐渐积累，通过"土壤→植物→人体"，或通过"土壤→水→人体"间接被人体吸收，达到危害人体健康的程度，就是土壤污染。

### 二、土壤污染的现状

目前，我国土壤污染的总体形势严峻，部分地区土壤污染严重，在重污染企业或工业密集区、工矿开采区及周边地区、城市和城郊地区出现了土壤重污染区和高风险区。土壤污染类型多样，呈现出新老污染物并存、无机有机复合污染的局面。土壤污染途径多，原因复杂，控制难度大。土壤环境监督管理体系不健全，土壤污染防治投入不足，全社会防治意识不强。由土壤污染引发的农产品质量安全问题和群体性事件逐年增多，成为影响群众身体健康和社会稳定的重要因素。

### 三、电网建设过程中造成的土壤污染

1. 造成土壤破坏的原因

输电线路作为一种线性工程，自身的特点决定了其在建设过程中对土地或多或少的破坏和压占。输电线路对土地的破坏性质主要有永久性破坏和临时性破坏。

（1）铁塔永久性破坏土地。铁塔架立作为输电线路的工程主体，压占土地是一种永久性的破坏，不可避免。该部分占地在工程完工后将变为公共设施用地，其原有土地利用功能将不可复原。输电线路铁塔基础在施工时，将开挖塔基区的土方，待灌浆液后再回填土方，塔基区土层结构遭到彻底破坏，对土地破坏程度很大。

（2）临时设施对土地的破坏。修建铁塔和线路过程中，需要在铁塔四周设置原材料施工场地、牵张场地等临时设施。同时根据沿线的交通条件，需要修建施工简易道路结构和人抬道路等临时设施。临时设施对土地的破坏为临时性破坏，会暂时改变原有土地利用功能，工程完成后基本可恢复。临时设施主要有以下几种类型：

1）施工场地。施工场地主要用于施工材料堆放及加工，同时亦是施工人员主要活动

场所，对土地的破坏主要为压占。施工场地是施工人员的主要活动场所，对土地的破坏时间最长，严重影响施工场地区域内土壤的紧实度，对土地的破坏程度较大。

2）牵张场地。牵张场地停放各种牵引机械，施工人员来回走动及牵引机械压占土地。同时为方便牵引，在牵张场地四周开挖地锚坑，以固定牵引装置。牵引场地对土地的破坏主要是压占，并伴有少量挖损。牵引场地同样是施工人员的主要活动场所，对土地破坏的持续时间较长，严重影响施工场地区内土壤的紧实度，对土地的破坏程度较大。

3）施工简易道路。在现有交通道路无法满足运输条件的情况下，需要修建施工临时道路。在修建时施工道路部分路段需要进行开挖平整以满足运输要求，会破坏土壤结构，彻底改变土壤养分的初始条件，同时施工车辆来回运输，会碾压地表。施工临时道路对土地的破坏形式主要是碾压，持续时间较短，对土地破坏程度一般。

4）人抬道路。对于部分线路，由于施工车辆无法达到施工场地，需要修建人抬道路以便人工背扛施工材料。部分地段需要开挖平整，以便施工人员来回走动，开挖破坏土壤结构，同时施工人员背扛施工材料来回走动，碾压地表。人抬道路对土地的破坏形式是压占和挖损。人抬道路碾压破坏土地，基本是施工人员的碾压，持续时间一般较短，人抬道路一般较窄，对地表的扰动破坏较小，对土地破坏程度一般。

2. 土壤的破坏

土壤的破坏，主要包括土壤的结构性破坏及水土流失。

（1）土地结构被破坏，恢复速度慢。输变电站的建设具有建设周期长的特点，而在建设的过程中势必会对周边土地进行挖掘，这就必然会破坏土地结构，造成土壤生态系统恶化。而土壤的生态系统一旦被破坏，试图再恢复或重建土地结构都是相当困难的。

（2）水土流失严重。输变电工程主要由变电站和输电线路组成，造成水土流失的主要是施工活动。变电站、塔基、施工临时占地等场地的平整和基础清理、弃渣的堆存、施工便道建设活动对地表的开挖、扰动和再塑，使植被遭到破坏，失去固土防冲的能力，造成水土流失。

输电线路的工期一般为一年至一年半，其施工工序一般分为基础施工期、组塔期和架线期。基础施工工期一般占整个施工期的一半，在整个施工过程中是对地表扰动最大的时期。特别是塔基永久占地区，由于开挖和降基，塔基永久占地范围较为无序，堆土裸露，土质松散，是整个工期中最容易发生水土流失的时期。

在山地丘陵中架设杆塔，基面土石方的大量开挖，不但扰动了塔位原油的稳定土体，而且使基面及周围天然植被体受到破坏和压占。开挖土石方后，在雨水的打击和冲刷下，极易面蚀甚至塌方。同时大量的基面降基弃土堆积在边坡上，土体松散，将产生严重的水土流失。另外，堆土增加了边坡附加压力，在雨水的侵蚀下，可能产生塌方。总之，基面因降基而大量塌方，不仅可能产生严重的水土流失，而且也会给线路的运行带来安全隐患。

输变电工程水土流失的特征见表3-5。

表3-5　　　　　　　　　　　　　　输变电工程水土流失特征分析

| 分类 | 工程项目 | 施工内容及水土流失影响分析 |
| --- | --- | --- |
| 点式工程 | 平整土地 | 场地平整、砍伐树木、边坡和基坑开挖、打桩基工程，以及建筑物建设等，破坏地表植被，使地表裸露、表土破损、破坏原地貌 |
| | 土石方临时堆放 | 在站区的配电装置预留区设置一个临时堆土场，在侵蚀性降雨时极易发生水土流失 |
| 线性工程 | 工程占地 | 征地后将改变土地利用方式，改变原地貌。部分土地将永久占用，部分土地临时占用 |
| | 工程开挖 | 浇筑杆塔基础、修建边坡、护坡及排水沟设施等工程均需开挖。工程开挖将使地表开挖面裸露，改变开挖面的坡度、稳定性、土层分布，破坏地表原有植被 |
| | 临时道路设施 | 部分线路区域可能需要对现有较低等级公路进行修缮；需要人力畜力运输的区域可能开辟人抬道路 |
| | 基础浇筑 | 浇筑线路塔基基础并进行维护，扰动施工区地表植被 |
| | 杆塔组立 | 杆塔运至现场进行组立，需要一定的临时施工用地，扰动施工区及牵张原地貌，水土流失较为轻微 |
| | 放线 | 放线紧线过程中，占用临时施工走廊，跨越区、牵张场地需要临时占地，这些临时占地会扰动原地表，产生水土流失 |
| | 弃渣 | 根据工程拆迁、拆除、清理、土建施工、开挖土方，可能产生弃渣。但由于线路单个塔基弃渣量小，一般不采用大的弃渣场集中堆放，将对单个塔基的弃渣采取就近设置弃渣点进行处理的方式。变电站产生的弃渣，需要集中处理 |
| | 附件安装 | 扰动地表植被，水土流失影响轻微 |
| | 拆迁安置 | 线路拆迁较为分散，零星分布于线路沿线，对水土流失影响较小 |

**四、解决措施**

1. 尽量避开陡坡及不良地质段

在选线和定位时，塔位应尽量避开陡坡及不良地质段。边坡太陡时，需降基5～10m甚至更多才能满足基础保护范围要求。不良地质段是指有塌方、滑坡、冲沟的地段，如必须在这些地段定塔位，应采取可靠的治理措施。

避开的方法包括另行选线、用直线转角塔、用在塔头间隙及负荷允许条件下带小转角（一般所带转角极小）的直线塔等。

2. 强化造林治理

主要用于水土流失严重、面积集中、植被稀疏、无法采用封禁措施治理的侵蚀区，其治理技术要点是：适地、适树、营养袋育苗，整地施肥，高密度、多层次造林，争取快速成林、快速覆盖。对流失严重、坡度过陡、造林不易成功的陡坡地，要辅以培地埂、挖水平沟、修水平台地等工程强化措施。

## 第三节 电网建设过程中的水污染问题及解决措施

### 一、水体污染概念

人类活动排放的污染物进入水体，其数量超过了水体的自净能力，使水和水质的理化特性及水环境中的生物特性、组成等发生改变，从而影响水的使用价值，造成水质恶化，乃至危害人体健康或破坏生态环境的现象。

### 二、水体污染源分类

按照污染源划分，可分为点污染源和面污染源，见表3-6。

表3-6 按照污染源划分的水体污染分类

| 分类 | 含 义 | 特 点 |
|---|---|---|
| 点源污染 | 污染物质从集中的地点（如工业废水及生活污水的排放口门）排入水体 | 经常排污，其变化规律服从工业生产废水和城市生活污水的排放规律，它的量可以直接测定或者定量化，其影响可以直接评价 |
| 面源污染 | 污染物质来源于集水面积的地面上（或地下） | 排放是以扩散方式进行的，时断时续，并与气象因素有联系 |

按照污染的性质划分，可分为物理性污染、化学性污染和生物性污染，见表3-7。

表3-7 按照污染性质划分的水体污染分类

| 分类 | 含 义 |
|---|---|
| 物理性污染 | 水的浑浊度、温度和水的颜色发生改变，水面的漂浮油膜、泡沫，以及水中含有的放射性物质增加等 |
| 化学性污染 | 包括有机化合物和无机化合物的污染，如水中溶解氧减少、溶解盐类增加、水的硬度变大、酸碱度发生变化或水中含有某种有毒化学物质等 |
| 生物性污染 | 指水体中进入了细菌和污水微生物等 |

### 三、污染物

造成水体水质、水中生物群落，以及水体底泥质量恶化的各种有害物质（或能量）都可称为水体污染物。水体污染物从化学角度分为四大类，具体分类见表3-8。

表3-8 水体污染物分类

| 类型 | 污 染 物 质 |
|---|---|
| 无机无毒物 | 酸、碱、一般无机盐、氮、磷等植物营养物质 |
| 无机有毒物 | 重金属、砷、氰化物、氟化物等 |
| 有机无毒物 | 碳水化合物、脂肪、蛋白质等 |
| 有机有毒物 | 苯酚、多环芳烃、PCB、有机氯农药等 |

### 四、电网建设过程中造成的水体污染

施工期废水主要来自暴雨的地表径流，基础开挖可能排泄的地下水、施工污水的排

放，包括施工中的泥浆水，机械设备运转的冷却水，建材冲洗水，车辆出入冲洗水等生产污水和施工人员所产生的生活污水等。生产污水中主要含有悬浮物、石油类等污染物；生活污水中主要含有 $BOD_5$、COD、动植物油等污染物。

1. 建筑施工废水

建筑施工废水主要是施工期间产生的水泥搅拌等泥浆水，具有污水量小、泥砂含量高（泥砂含量与施工机械、工程性质及工程进度等有关，一般含量为 $80\sim120g/L$）的特点，且废水含有少量的废机油等污染物。

据类比调查，建筑类施工废水发生量约为 $0.5kg/m^2$，即每平方米建筑面积产生的建筑施工废水为 $0.5kg$，悬浮固体（SS）浓度为 $100g/L$。

2. 生活污水

项目施工期废水主要来自施工人员的生活污水，包括粪便污水、清洗污水等。其主要污染因子为 COD、$NH_3-N$、SS 和 TP，其中以粪便污水中的污染物数量最高。

施工期生活污水排放污染物源强预测公式为

$$Q_i = AC_i$$

式中　$A$——施工人数；

　　$C_i$——污染物单人排放系数，$L/(d \cdot 人)$。

生活污水中的主要污染物及其含量一般为 COD $400mg/L$、$NH_3-N$ $30mg/L$、SS $250mg/L$、TP $4mg/L$。

**五、解决措施**

（1）施工期造成的水污染多为携带了石灰、水泥砂浆的废水，避免或减少该类废水的主要途径是在施工的过程中随时注意设备的工况，杜绝跑、冒的废水产生，同时在工地现场进行废水的初步处理之后才能排入城市管网系统。

（2）生产废水应导入事先设置的沉淀池，经沉淀后排入市政污水管网，严禁直接排入城市地下水道和河流。

（3）生活污水应与施工废水一起排入市政污水官网，由污水处理厂进行处理，严禁直接排入周围雨水管网或直接排入河流。

（4）对各类车辆、设备使用的燃油、机油和润滑油等加强管理，所有废弃油脂均要集中处理，不得随意倾倒、排入市政雨水管网和附近河流。

# 第四节　电网建设过程中的噪声污染问题及解决措施

**一、噪声概念**

噪声是发生体做无规则振动时发出的声音，声音由物体振动引起，以波的形式在一定的介质（如固体、液体、气体）中进行传播。通常所说的噪声污染是指人为造成的。从生理学观点来看，凡是干扰人们休息、学习和工作的声音，即不需要的声音，统称为噪声。

当噪声对人及周围环境造成不良影响时，就形成噪声污染。产业革命以来，各种机械设备的创造和使用，给人类带来了繁荣和进步，但同时也产生了越来越多而且越来越强的噪声。

分贝是计量声音强度相对大小的单位，分贝值是声音的量度单位。衡量噪声的大小往往用分贝计来测试。机械钟表的声音约为 20dB，人们交流说话的声音约为 60dB，距汽车 5m 处电喇叭的声音为 90~95dB，气喇叭的声音为 105~110dB，传统织布机和电锯的运转声音为 100~110dB。一般说来，声音每提高 10dB，其响度就会增加 1 倍，50dB 以上就会对人的正常生活产生影响。

### 二、噪声分类

噪声主要分类见表 3-9。

表 3-9　　　　　　　　　　　　　　　　　噪声的分类

| 类型 | 含义 | 特点 |
|---|---|---|
| 交通噪声 | 包括机动车辆、船舶、地铁、火车、飞机等发出的噪声 | 由于机动车辆数目的迅速增加，使得交通噪声成为城市的主要噪声来源 |
| 工业噪声 | 工厂的各种设备产生的噪声 | 工业噪声的声级一般较高，对工人及周围居民带来较大的影响 |
| 建筑噪声 | 主要来源于建筑机械发出的噪声 | 建筑噪声的特点是强度较大，且多发生在人口密集地区，因此严重影响居民的休息与生活 |
| 社会噪声 | 包括人们的社会活动和家用电器、音响设备发出的噪声 | 这些设备的噪声级虽然不高，但由于与人们的日常生活联系密切，使人们在休息时得不到安静，尤为让人烦恼，极易引起邻里纠纷 |

### 三、噪声危害

虽然噪声是看不到摸不着的东西，但是给人类的影响是巨大的。噪声的恶性刺激严重影响人们的睡眠质量，并会导致头晕、头痛、失眠、多梦、记忆力减退、注意力不集中等神经衰弱症状和恶心、欲吐、胃痛、腹胀、食欲呆滞等消化道症状。现在国际上公认噪声有四大影响，包括：神经系统方面，失眠、精神恍惚；心血管系统方面，血压升高，导致心脏病患者的病情急性发作；免疫力方面，免疫力下降，增加多种疾病的发病概率；听力方面，长期的高噪声导致听力下降。工业企业厂界环境噪声排放限值见表 3-10。

表 3-10　　　　　　　　　　工业企业厂界环境噪声排放限值　　　　　　　　　　dB（A）

| 类别 | 昼间 | 夜间 |
|---|---|---|
| 0 类 | 50 | 40 |
| 1 类 | 55 | 45 |
| 2 类 | 60 | 50 |
| 3 类 | 65 | 55 |

续表

| 类别 | | 昼间 | 夜间 |
|---|---|---|---|
| 4类 | 4a 类 | 70 | 55 |
| | 4b 类 | 70 | 60 |

注　根据《中华人民共和国环境噪声污染防治法》，"昼间"是指 6：00~22：00 之间的时段，"夜间"是指 22：00~
次日 6：00 之间的时段。

### 四、电网建设过程中产生的噪声污染

噪声是一种最常见的干扰周围生活环境的污染形式。施工噪声可以由各类施工机械产生，施工过程中由于多种设备同时工作加剧了噪声的影响程度；脚手架和模板的装卸、安装和拆除等也会形成噪声。一般的建筑施工是分阶段进行的，大体可以分成四个阶段，即土石方阶段、打桩阶段、结构施工阶段和装修阶段。各阶段所使用的施工设备不相同，产生的噪声污染也不相同。

《建筑施工场界环境噪声排放标准》（GB 12523—2011）对建筑施工场界环境噪声排放有明确的规定，建筑施工场界环境噪声排放限值见表 3-11。

表 3-11　　　　　　　　　　　　建筑施工场界环境噪声排放限值

| 时间 | 昼间 | 夜间 |
|---|---|---|
| 排放限值（dB） | 70 | 55 |

夜间噪声最大声级超过限值的幅度不得高于 15dB。

当场界噪声敏感建筑物较近，其室外不满足测量条件时，可在噪声敏感建筑物室内测量，并将表 3-11 所列限值减 10dB 作为评价依据。

施工噪声预测采用点源衰减预测模式，预测只计算声源至受声点的几何发散衰减，不考虑声屏障、空气吸收衰减等。预测模式为：

$$L_{P(r)} = L_{P(r_0)} - 20\lg(r/r_0)$$

式中　$L_{P(r)}$——距声源 $r$ 处的 A 声级，dB（A）；

　　　$L_{P(r_0)}$——距声源 $r_0$ 处的 A 声级，dB（A）；

　　　　$r$——预测点距声源的距离，m；

　　　　$r_0$——参考位置距声源的距离，m。

变电站施工期噪声主要来自场地平整、挖土填方、土建、钢结构及设备安装调试等阶段，主要噪声源有推土机、挖土机、混凝土搅拌机、电锯及汽车等。施工机械一般位于露天场地，噪声传播距离远，影响范围大，是重要的临时性噪声源。

在输电线路施工中产生的噪声主要集中在塔基附近，塔基的施工以人工为主，施工机械少，噪声源相对较小。施工机械产生的噪声见表 3-12。

表 3-12                                         施 工 机 械 噪 声

| 设备名称 | 噪声级（dB） | 测点距离（m） | 频谱特性 |
|---|---|---|---|
| 压路机 | 73~88 | 15 | 低中频 |
| 前斗式装料机 | 72~96 | 15 | 低中频 |
| 铲土机 | 72~93 | 15 | 低中频 |
| 平土机 | 80~90 | 15 | 低中频 |
| 卡车 | 70~965 | 15 | 宽频 |
| 混凝土搅拌机 | 72~90 | 15 | 中高频 |
| 冲击打桩机（峰值） | 95~105 | 15 | 低中频 |
| 振捣器 | 69~81 | 15 | 中高频 |
| 夯土机 | 83~90 | 10 | 中高频 |

**五、解决措施**

（1）在进行现场施工前完成围墙的砌筑，对于邻近的敏感噪声保护目标一侧以前安装降噪声围帘。

（2）根据施工阶段的特点，合理进行施工现场平面布置，将产生高噪声的机械设备布置于远离声环境保护目标的一侧。

（3）尽量选择降低噪声或有消声设备的施工机械，施工场地的施工车辆出入地点应尽量远离敏感点，车辆出入现场应低速、禁止鸣笛，加强施工机械的检查、维修和保养，避免因故障而产生的非正常的噪声污染。

（4）高声级的施工设备尽可能不同时使用。

# 第五节　电网建设过程中的固体废弃物污染及解决措施

**一、固体废物的概念**

固体废物（solidwaste）是指人类在日常生活、生产建设和其他活动中产生的，在一定时间和地点无法利用而被丢弃的污染环境的固体、半固体的废弃物，其中包括从废气中分离出来的固体颗粒、垃圾、炉渣、破损器皿、动物尸体、变质食品、污泥和人畜粪便等。除此以外，废酸、废碱、废油和废有机溶剂等液态物质也被很多国家列入固体废物之列。

**二、固体污染物污染现状**

固体废物污染环境防治办法施行以来，我国的固体废物污染环境防治工作虽已取得初步成效，但总体上仍处于起步阶段，政策不健全，运作体制不完善，市场融资不成熟，基础设施薄弱，城市固体废物处理缺口较大，固体废物污染仍然十分严重。由于处理措施不当，固体废弃物中含有大量污染物质的渗滤液侵入外界环境直接引起水体污染和土壤污染。固体废弃物自然分解释放出大量有毒气体和垃圾任意焚烧释放出的二恶英及其他有害气体造成大气污染，引发癌症、皮肤病等。固体废弃物进入土壤之中对蔬菜、粮食造成污染，直接威胁人类的饮食安全等。因此，国家应尽早建立工业产品最终废弃物回收管理制度，加大相关产业的扶持力度，做到未雨绸缪。

### 三、固体废物对于环境的危害

#### 1. 侵占土地

固体废弃物不加利用就占地堆放，堆积量越大，占地越多，据估算，每堆积 1 万 t 废渣，约需占地 1 亩（1 亩 ≈ 666.67m²）。废渣等侵占了土地，从而直接影响了农业生产、妨碍了城市环境卫生，而且埋掉了大批绿色植物，大面积破坏了地球表面的植被，这不仅破坏了自然环境的优美景观，更重要的是破坏了大自然的生态平衡。

#### 2. 污染土壤

固体废物露天堆存，不但占用大量土地，而且其含有的有毒有害成分也会渗入土壤中，使土壤碱化、酸化、毒化，破坏土壤中微生物的生存条件，影响动植物生长发育。工业固体废物，特别是有害固体废物，经过风化、雨淋，产生高温、毒水或其他反应，能杀伤土壤中的微生物和动物，降低土壤微生物的活动，并能改变土壤的成分和结构，使土壤被污染。许多有毒有害成分还会经过动植物进入人的食物链，危害人体健康。

#### 3. 污染水体

大量固体废物排放到江河湖海会造成淤积，从而阻塞河道、侵蚀农田、危害水利工程，同时固体废物与雨水、地表水接触后，废物中的有毒有害成分必然被浸滤出来，从而使水体发生酸性、碱性、富营养化、矿化、悬浮物增加，甚至毒化等变化。

#### 4. 污染大气

固体废物的细粒、粉末被风吹起，增加了大气中的粉尘含量，加重了大气的粉尘污染。如粉煤灰堆遇到四级以上风力，可被剥离 1~1.5cm，灰尘飞扬可高达 20~50m，并使平均视程降低 30%~70%。一些有机固体废物在适宜的温度和湿度下被微生物分解，还能释放出有害气体，产生毒气或恶臭，造成地区性空气污染。采用焚烧法处理固体废物，已成为一些国家大气污染的主要污染源之一。

### 四、电网建设过程中产生的固体废弃物

电网施工过程中的固体废物主要有施工人员的生活垃圾、危险废弃物及开挖的土石方。施工期间可能涉及河沟填埋、土地开挖、道路修筑、管道铺设、材料运输、房屋建筑等工程，在此期间将有一定数量的建筑材料如砂石、石灰、混凝土、废砖、土石方等。另外，建筑施工周期较长，施工人员工作和生活也会产生很多固体垃圾。建筑固体废弃物排放量大，影响范围广且深远，如难以降解，而且长期存在于土壤中会改变土壤特性，不仅破坏环境美感、影响市容市貌，而且会危害人类健康、污染土壤和地下水、降低土地经济价值等。

#### 1. 生活垃圾

施工过程是大量人员参与的过程，有人参与则必然产生生活垃圾。虽然与建筑垃圾相

比占比不大，但是由于现场每日均有数量可观的人员生活、工作在施工现场，造成生活垃圾产生的绝对数量不容忽视。按照人均 0.5kg/（人·日）估计，对于一个 100 人左右的施工团队，则日产生生活垃圾约 50kg，1 年将产生将近 20t 的生活垃圾。

在施工过程中的生活垃圾可以按以下方式分类：

（1）厨余垃圾。主要包括职工生活区施工人员的剩饭、剩菜，以及食堂剩余的食材。

（2）植物残枝。办公生活区绿化植物的落叶、残枝、枯死植物等。

（3）可回收垃圾。主要包括办公区产生的废纸、职工废旧衣物鞋帽、各类饮料瓶罐等。

（4）其他垃圾。主要是办公与生活区卫生清洁时产生的渣土。生活办公区产生的少量废旧电池、灯管、废旧电子类产品等可以不按危险废物处理，而是归入生活垃圾处理。

2. 危险废弃物

在建筑施工过程中产生的危险废弃物主要包括以下几类：

（1）施工机械设备运行、维修保养过程中产生的废弃矿物油。

（2）机电设备安装、调试过程中产生的废弃矿物油。

（3）施工过程中各类废弃的含石棉的建筑材料。

（4）施工过程中各类废弃的油漆、涂料、有机溶剂、发泡胶，以及其他有污染、含毒性的化学材料等。

**五、解决措施**

（1）应集中收集后再统一运送至固体废物填埋场进行处置，要注意的是在建筑垃圾收运的过程中应注意密封，避免产生二次污染。

（2）施工单位应规范运输，不得随路洒落、随意倾倒建筑垃圾，施工结束后，应及时清运多余或废弃的建筑材料或建筑垃圾，拆除临时工棚等建筑物，以恢复自然景观。

（3）对生活垃圾应集中入垃圾池及时清运，木工和电工、焊工、钢筋工、油漆工产生的废料分别综合利用和处置，不能随意遗弃、污染现场环境。

# 第六节　电网建设过程中的生态环境影响及解决措施

生态环境是指影响人类生存与发展的水资源、土地资源、生物资源和气候资源数量与质量的总称，是关系到社会和经济持续发展的复合生态系统。生态环境问题是指人类为其自身生存和发展，在利用和改造自然的过程中，对自然环境破坏和污染所产生的危害人类生存的各种负反馈效应。

**一、生态完整性影响**

对生态环境影响分析从评价自然系统的生产能力和抗御内外干扰的能力两方面分析。这是因为区域自然系统的核心是生物，而生物有适应环境变化的能力和生产的能力，可以修补受到干扰的自然系统，使之始终维持在平衡状态附近。电网施工过程中，如果产生的干扰过大，超越了生物的修补（调节）能力，则该自然系统将失去维持平衡的能力，由较高的等级衰退为较低的等级。

## 二、区域自然系统生产力的影响

电网在建设期对植被的影响主要是施工期征用土地、临时用地、取弃土占地及机械碾压、施工人员践踏等破坏施工区域内的植被，损失一定的生物量，并破坏和影响施工作业区周围环境的植被覆盖率和数量分布。

电网建设施工期间，施工区及其周边地区土地利用格局的变化，无疑会改变该区域自然系统的生产力。由于草地等自然生态系统面积缩小，导致自然系统生产力降低。但通过人工绿地建设等措施，同时大力开展水土流失防治与治理等生态工程建设，都会增加自然系统的生产力。综合考虑这些因素，区域自然系统净第一性生产力的降低对于维护评价区及周边的生态完整性会产生一定的负面影响。

建设活动对土壤的影响也非常明显。开发过程进行的土壤平整、土地开挖等，使土壤生态系统内生物的生存环境几乎完全发生了改变，土壤有机质含量降低，不利于植被生长。同时可能造成短期、局部水土流失，间接又对水环境造成影响，降低原有自然系统生产力。施工区建设占地对植被的破坏是永久性的，这部分植被将永远失去生产能力。施工区建设临时占地将干扰和破坏影响区域内的植物生长，影响区域内的植被群落种类组成和数量分布，降低区域植被覆盖度和生物多样性指数。但由于施工区建设面积相对于整个区域又较小，只要合理布局、加强环境管理和生态恢复与建设，就能够有效地减缓基地建设带来的负面影响。由于施工区建设后会采取各种生态恢复和补偿措施，减少的生产力会由人工系统或人工-自然复合生态系统得到补偿，因此对整个评价区自然系统生产力的影响不会太大。

## 三、生态系统结构的影响

电网施工区建设后在周边地区开展生态重建工程形成新的人工生态系统，代替了原来的生态系统，使生态系统的组成和结构发生了根本变化。原来处于相对稳定的系统结构，被人工生态系统和自然恢复的生态系统代替，生态系统更加趋于多样，保持水土功能得以发挥。

## 四、农田系统的影响

输变电站的建设需要占用大量的土地资源，而在被占用的土地中，有相当大一部分土地是农业用地。在输电线路工程的施工过程中对于农田地占用分为临时占用和永久性占用。如果这些临时占用的农田地正处于作物的生长期，就可能会毁掉农田的一些农作物、灌木和林地，给农业的生产造成一定的损失，也会使得其他自然植被受到一定程度的损坏。此外，输电线路塔基占用的土地是永久占用的，占用时间较长，使得田地不能发挥自身功能，会严重影响土地的利用类型，直接导致农业生产的发展速度减缓。全国很多粮食产地都出现了不同程度的减产，主要就是由于输变电站建设占用了大量农业用地。

### 五、对植被的影响

变电站规划项目在施工期对植被的影响主要是施工期征用土地、临时用地、取弃土占地及机械碾压、施工人员践踏等破坏施工区域内的植被，损失一定的生物量，并破坏和影响施工作业区周围环境的植被覆盖率和数量分布。开发过程所进行的土壤平整、土地开挖、取土、堆土等，会改变土层结构，原有土壤结构、理化性质将会发生明显改变，不利于植被生长。施工扬尘、运输车辆废气等，将使周边特别是沿运输线路两边的植被受到危害。施工区内施工场地生产生活污水、施工机具的洗污水，以及各种施工机械的废气排放与油污等，均会对周围的植被产生不良影响，使植被发生逆向演替。此外，变电站在进行基础施工过程中会用到大量混凝土，而在混凝土原材料中，骨料的来源主要是开山取石并将其加工成砂石料，或者挖去河道中的砂卵石及砾石。无节制地随意开采将造成山体滑坡、河床改道，破坏骨料原产地的生态环境。废弃混凝土露天堆放或填埋于地势低洼处，也会造成严重的环境污染。变电站路面施工铺设沥青混凝土，对废弃沥青的乱堆乱放，使"黄土地变成黑土地"，污染后的土地植被也会受到毁灭性的破坏。

输电线路建设过程中，开挖后回填的余土堆放不当，会改变塔基旁的生态环境；废弃的碎石、混凝土、包装物等未进行清除，会破坏塔基旁的生态环境，造成原来的植物不易生长；混凝土直接在地表进行拌合，会使该部分地表硬化，造成植被恢复困难。同时，当输电线路与线下树木垂直距离小于 4.5m 时 [《110～750kV 架空输电线路设计规范》（GB 50545—2010）规定，220kV 标称电压，导线与树木质检的最小垂直距离为 4.5m]，线下树木需要砍伐（为保证建成后线路的运行安全）。因此，输电线路在建设时将砍伐一定数量的树木，使林草植遭到一定程度的破坏，引起水土流失，破坏自然环境，工程建设场地征用及清理费用增加，从而使静态投资费用增大。

### 六、对生物多样性的影响

生物多样性是指地球上所有的植物、动物和微生物及其所拥有的基因，各物种之间及其与生存环境之间的相互作用所构成的生态系统及其生态过程。生物多样性包括三个层次，即生态系统多样性、物种多样性和遗传多样性。

根据生物多样性指数（$BI$），将生物多样性状况分为四级，即高、中、一般和低。生物多样性状况的分级标准见表 3-13。

表 3-13　　　　　　　　　　生物多样性状况的分级标准

| 生物多样性等级 | 生物多样性指数 | 生物多样性状况 |
|---|---|---|
| 高 | $BI \geq 60$ | 物种高度丰富，特有属、种繁多，生态系统丰富多样 |
| 中 30 | $30 \leq BI < 60$ | 物种较丰富，特有属、种较多，生态系统类型较多，局部地区生物多样性高度丰富 |
| 一般 20 | $20 \leq BI < 30$ | 物种较少，特有属、种不多，局部地区生物多样性较丰富，但生物多样性总体水平一般 |
| 低 | $BI < 20$ | 种类贫乏，生态系统类型单一、脆弱，生物多样性极低 |

生物多样性指数（*BI*）=归一化后的野生高等动物丰富度×0.2+归一化后的野生维管束植物丰富度×0.2+归一化后的生态系统类型多样性×0.20+归一化后的物种特有性×0.20+归一化后的受威胁物种的丰富度×0.10+（100-归一化后的外来物种入侵度）×0.10

生物多样性是地球上生命长期进化的结果，更是人类赖以生存和发展的基础。生物多样性是生态环境的重要组成部分，同时也是社会经济可持续发展的重要物质资源和战略资源，在人类社会发展和进步中具有十分重要的作用。然而，巨大的人口压力，高速的经济发展对资源需要的日益增加和利用不当，使我国生物多样性受到严重的威胁。

随着输变电工程的开工，施工机械、施工人员进场，土、石料堆积场及其他施工场地的布置，施工中产生的噪声等均对工程区域内野生动物的生存产生干扰，使区域内的动物不得不暂时迁移到合适的环境中。

线路施工方式为间断性，施工时间短，因此工程施工对野生动物的影响是短暂的，施工结束后，大部分动物仍然可以返回原有栖息地生存繁衍。变电站工程施工时间较长，且将永久侵占野生动物的原有栖息地，但由于其占地面积不大，一般在2~3ha之间，对当地动植物种群结构不会产生明显影响。

## 七、解决措施

（1）采取避让措施，减少对环境的影响。所谓采取避让措施，实际上就是对路径进行全方位的优化，最大限度地减少对环境的影响。利用海拉瓦技术对路径方案进行综合比较，对环境敏感区采取避让措施。环境敏感区是指具有下列特征的区域：

1）需特殊保护区。国家法律、法规、行政规章及规划确定或经县级以上人民政府批准的需要特殊保护的地区，如饮用水水源保护区、自然保护区、风景名胜区、生态功能保护区、基本农田保护区、水土流失重点防治区、森林公园、地质公园、世界遗产地、国家重点文物保护单位、历史文化保护地等。

2）生态敏感与脆弱区。沙尘暴源区、荒漠中的绿洲、严重缺水地区、珍稀动植物栖息地或特殊生态系统、天然林、热带雨林、红树林、珊瑚礁、鱼虾产卵场、重要湿地和天然渔场等。

3）社会关注区。人口密集区、文教区、党政机关集中的办公区、疗养地、医院等，以及具有历史、文化、科学、民族意义的保护地。

杆塔塔位应尽量避开陡峭山顶、不稳定的山坡、冲沟发育和易于坍塌的地质断层等地形、地貌及地质条件复杂的地区，以及施工中施工基面方量大、排水困难、杆塔稳定受到威胁的不良地段。

（2）减少线路走廊宽度，高跨树林，减少输电线路对自然环境的损害。随着国民经济的不断发展，走廊资源越来越珍贵。沿线开发区、各种不同类型的保护区和房屋、各种不同电压等级的输电线路、弱电通信工程及光缆、铁路、公路、不同等级的河流星罗棋布，输电线路的路径选择越来越困难，因此，输电线路在系统及规划要求容许的情况下，应尽量采用同塔双回或多回路设计。目前在发达国家，普通已采用双回或多回路线路。为缩小输电线路的走廊，单回路线路中，由于猫头塔的走廊宽度相对较窄，宜选猫头塔。对同一种塔型，可采用中相"V"串、边相"V"串等。对于双回路及多回路线路，宜采用占线路走廊较小的导线垂直排列的形式，在低电压和高电压同杆架设时，低电压应架设在下方，减少电磁干扰和走廊；在直流输电线路中，为减少线路走廊内的拆迁量，将直流的两相导线放在一侧，形成垂直排列的"F"塔。为提高单位走廊范围内的输送容量，采用紧凑型塔，可提高输送容量 20%~30%。

## 第七节 电网建设过程中环境保护的公众参与

环境保护是每个人应尽的义务和责任，拥有良好的环境才可以进一步探讨社会的可持续发展。但仍然存在部分企业和个人为了自身利益，不惜以破坏环境为代价谋求发展。而政府在管理的过程中无法做到面面俱到，因此需要公众参与进来，行驶公民的权利，协助政府进行环境保护工作。公众参与制度是许多发达国家在环境法中普遍存在的一种民主法律制度。其含义是指在环境活动中，公民有权通过一定程序或途径参与一切与环境利益相关的决策活动，以使该项目决策符合公众的切身利益。各国环境保护的实践已经证明，公众参与制度在环境保护中发挥了巨大的推动作用。我国的《环境保护公众参与办法》已于2015 年 9 月 1 日起施行。

《环境保护公众参与办法》旨在贯彻落实党和国家对环境保护公众参与的具体要求，满足公众对良好生态环境的期待和参与环境保护事物的热情，支持和鼓励公众对环境保护公共事务的热情，支持和鼓励公众对环境保护公共事务进行舆论和社会监督。完善公众参与制度，及时准确地披露各类环境信息，扩大公开范围，能够保障公众知情权，维护公众环境权益。

### 一、公众参与的主要内容

与西方发达国家相比，我国有自身的国情特点和不同于西方发达国家的生产力发展状况，应从实际出发，以符合我国国情的方式认真搞好公众参与。应针对相关的人群，在合适的时机公布相关内容，采用最经济有效的方式，在最短的时间内完成公众参与。公众参与的基本内容应包括公众享有环境知情权和参与决策权。前者是指公众有权了解项目的基本情况、项目对周围环境的影响、项目的进展以及替代方案的设计等；后者是指公众有权通过适当方式对于可能影响环境的项目发表意见，并对其施加影响，使其做出有利于环境的决定。在一个环评项目中，虽然利益相关的公众是有限的，但也无法让所有相关者共同参与环评，因此法律应当设定适当的利益代表。

对于公众参与，调查的内容应包括公众对于工程实施的态度，还应包括：对工程的了解程度，对当地环境问题的认识与评价，对工程选线、选址的态度，对工程主要环境影响的认识及态度，对工程采取环保措施的建议，对工程环境敏感目标的认识，以及不支持工程建设的原因等。

## 二、公众参与程序

建设项目施工的第一次公众参与应选在拟建项目可研报告完成之后，评价单位编写完环境影响评价概要时。此时公布的信息主要是项目内容、性质、规模、可能的环境影响及污染防治和生态影响恢复措施等，让公众了解建设项目的基本内容及与自身的关系。目前，国家环保总局规定，公布的信息材料需在当地发行量大的期刊和网络上刊登消息，在建设项目所在地张贴公示材料，并说明环评研究概要的获取途径。在刊登广告后的 10 日内，公众可通过上网、邮件或传真的方式对环评概要提出意见。第二次公众参与的时间是在环境影响报告书草稿完成时。该次公众参与的目的主要是保证公众有机会看到环境影响报告书。目前，国家环保总局规定，在环境影响报告书拟定完毕提交的同时，进入为期 10 天的第二次公众审查期，通知公众获取环境影响报告书简写本的途径。第三次公众参与应该在环境影响报告书审批通过后，建设单位公布最终的环境影响报告书及所有公众意见的答复。因此可以说，公众参与已贯穿于环境影响评价的全过程，而且仍在步步深入。

## 三、公众参与的方式

公众参与可以根据输变电工程的实际需要和具体条件，选择采取公告、调查群众意见、咨询专家意见、座谈会、论证会、听证会等形式，公开征求公众意见。

1. 电话、信函等

该类方式是比较传统的公众参与方式，也发挥着必不可少的作用，环保举报热线为"12369"。

2. 听证会

建设单位介绍项目情况，政府和专家等向公众提供法律和专业知识咨询，包括公众和政府、各有关单位、专家之间的意见交流。实践表明，听证会有利于及时交流和提高相关部门的工作效率和透明度，缺点是参加的人数有限并且费用较大。

3. 问卷调查

该方式是最常用的方式，其优点是参加的人数较多且费用较少。但这种方式也有明显的缺点。有时被调查的各类人员比例不合理，易避重就轻。应对问卷的设计、样本人群的选择和调查后的数据统计实现规范化。问卷内容必须包括拟建项目的名称、性质和内容、拟建项目的地点、工程持续时间、可能的环境影响及采取环境保护措施的效果等，并将问卷调查与其他方式相结合。

4. 座谈会

座谈会是建设项目利益相关方之间沟通信息、交换意见的双向交流过程。座谈会讨论的内容应与公众意见调查的内容一致。座谈会主要参加者以受直接影响的单位和个人代表为主，可邀请相关领域专家、关注项目的研究机构和民间环境保护组织的专业人士出席会议。座谈会主办单位应在会前 5 日书面告知参加座谈会的主要内容、时间、地点和主办单位的联系方式。座谈会主办单位应在会后 5 日内准备会议纪要，描述座谈会主要内容、时间、地点、参会人员、会议日程和公众代表的主要意见。

5. 论证会

论证会是针对某种具有争议性的问题进行讨论或辩论，并力争达到某种程度一致意见的过程。论证会应设置明确的议题，围绕核心议题来开展讨论。论证会参加的人员主要为相关领域的专家、关注项目的研究机构、民间环境保护组织中的专业人士和具有一定知识背景的受直接影响的单位和个人代表。建设项目的投资单位或个人、建设项目的设计单位和环境影响评价单位应派代表出席论证会，在论证会开始前介绍项目情况，并在会议期间回答参会代表关于论证议题相关项目情况的疑问。论证会主办单位应在会前 7 日书面告知论证会参加人员论证会的议题、时间、地点、参会代表名单、论证会主持人和主办单位联系方式。论证会主办单位应准备会议笔录，尤其要如实记录不同意见，并得到 80% 以上参会代表签名确认。会后 5 日内应制作会议纪要，描述论证会议题、时间、地点、参会人员、发言的主要内容和论证会结论。

## 四、公众参与的必要性

环境问题日益严重的今天，政府和市场都有其缺陷，在环境领域引进公众参与是必要的。公众参与环境制度直接体现了一个国家的环境保护水平，环保事业要靠公众的参与，要想真正治理环境污染、环境破坏，公众参与必不可少。法律给予公众参与的地位，政府就有义务保护公众的参与权利，鼓励公众积极参与，促进环保部门决策的合理性。

（1）从造成环境污染的角度来看。人类违背自然规律，对自然环境进行不合理的开发和利用，造成生态破坏和环境污染。因此，公众的行为对环境保护有巨大的影响。

（2）从政府掌握的信息量上看，公众参与对政府决策起举足轻重的作用。我国幅员辽阔，地理环境复杂多样，只有当地或附近的居民才会了解环境真实情况。政府资源有限，仅靠政府的力量难以掌握充足的信息来制定科学、合理、行之有效的决策，只有鼓励公众积极参与，广泛吸收公众的意见和建议，尽可能多地收集相关信息才能对环境进行有效的管理和保护。

（3）公众能够影响决策者的行为。政府决策者都是由公众间接或直接选举产生的，就应代表最广大人民群众的意愿和利益。许多国家做出的关于环境保护的决策往往是迫于公众的压力，因此公众对决策者的行为有很大的影响力。广泛的社会支持和公众的积极参与可以增加决策的公开性和透明度，使决策和管理更加合理，减少政府与公众的摩擦，加强公众对政府的信任。加强与工程周边地区公众的沟通，开展相关科普活动，能够帮助公众消除误解，增进公众本工程的理性认识。

# 第四章
# 电网运行过程中的环境问题及解决措施

随着社会的发展，能源和电力需求增长迅速，电网建设加快。分布广泛的电力系统设施也是生活中的噪声源之一，高电压设备运行的声音和高压电线路电晕产生的噪声也已成为噪声污染的一部分，成为电网运行中环境保护要解决的一项重要问题。电网运行中，电力系统各部分会产生各种各样的噪声，这些噪声构成了电网运行中的噪声环境。

## 第一节　电网运行过程中的电磁环境问题及解决措施

人类是自然环境的一部分，而在自然环境中存在的各类磁场、电荷构成了自然的电磁环境；同时宇宙中存在的各种射线、粒子产生了影响电磁环境的辐射，使得自然环境中的电磁环境更为复杂。

电网运行中，电磁环境是指由带电导体产生的电场、载流导体产生的磁场、输电线路导线与变电站（换流站）母线等带电导体引起的电磁干扰。

### 一、电磁环境的概念

#### （一）基础概念

电荷周围存在的一种特殊物质叫做电场（$E$）。电荷之间的相互作用是一个电荷对另一个电荷所发生的作用，这样在电荷周围存在的作用力称为电场力。我们将有电场力作用的空间称为电场。电场中电荷之间的相互作用见图 4-1。

电荷与磁场是同时存在的，只要有电荷存在，则在其周围必然存在电场，两者不可分割。我们把静止电荷产生的电场称为静电场（static field），将变化运动的电荷产生的电场称为动电场（dynamic field）。如果我们将电荷进行交变运动，那么所产生的电场也是交变的。磁场（$H$）是在电流通过导体时在它周围产生的具有磁作用力的场。如果该电流为直流电，那么产生的磁场是恒定不变的；如果该电流是交流的，那么产生的磁场也是变化的。磁场的变化频率与该电流的变化频率相同。电场、磁场和运动方向的关系见图 4-2。

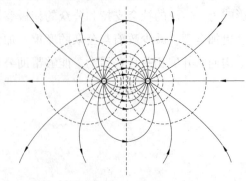

图 4-1　电场中电荷之间相互作用

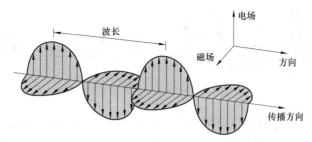

图 4-2 电场、磁场和运动方向的关系示意图

空间中的静止电场和静止磁场两者之间各自独立发生作用，并没有产生关系，则不能叫做电磁场。只有交变磁场与交变电场组合，彼此之间相互作用、相互维持，才能称为电磁场。这种相互关系，说明了电磁场可以在空间中运动。电场产生了变化，则可以在电场周围的空间中形成磁场，电场不断变化，磁场也随着电场不断变化；变化的磁场又在磁场周围形成了新的电场，这样的电磁场就不断反复下去。因此电磁场是一个振荡过程，电磁波本身也具有能量，会辐射到周围空间。

需要说明的是，我国的电力系统采用的电源工作频率为 50Hz，波长为 6000km，为极低频（0~300Hz）范围。根据电磁场理论，当电磁系统中的尺度与其工作波长相当时，该系统才能向空间中发出电磁能量。而我国电网设施的尺寸远小于其波长，不能构成有效的电磁能量发射，其周围工频电场与工频磁场是相互独立的。因此，将电网周围的"电磁环境"称为"电磁辐射"是不科学的。"电磁辐射"这一术语也会造成人们对电磁环境特性的误解。

（二）电磁环境

电子技术、通信技术、电力在社会生产及人民生活当中广泛应用，他们产生的电磁场、电磁波也同时充斥在我们生活的环境中，形成了现代社会特有的电磁污染。在这样的环境下，各类电磁污染会对人的身体健康造成影响，并会影响电子设备和通信系统的运行，同时会引起易燃易爆设施爆燃，因此对于电磁污染要采取一定的抑制和防护措施。

（三）电网

通常情况下将变电设施和输电线路统称为输电系统。输电的过程是将电能通过高压输电系统输送到消耗地区，或是进行相邻电力系统间的电量互送，形成互联或统一的电网，保持发电和用电或两个电网之间的供需平衡。

输电分为直流和交流两种方式。交流输电以三相交流电为主。直流输电分为两端直流和多端直流两种，目前大部分直流输电工程采用两端直流输电的方法。在直流输电系统中存在联网用的背靠背换流站，该换流站的作用是连接两个频率不同或不同电压等级的电网，直流输电系统依靠线路两端换流站的一次设备与二次设备实现输电功能。

交流输电系统由升压站与其站内的升压变压器、输电线路、降压站与其站内的降压变压器三部分构成。交流输电系统见图 4-3。

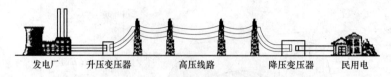

| 发电厂 | 升压变压器 | 高压线路 | 降压变压器 | 民用电 |

图 4-3　交流输电系统示意图

配电是在输电线路与负荷中心的电力进行再分配输送到城市、郊区、乡镇等地，在进一步分配供给到工业商业、农业和居民，以及特殊用电部门。配网由电压较低的配电线路、开关设备、计量设备和配电变压器构成，配电网结构与输电网基本类似，而且也基本采用了三相交流的形式配电。

（四）电网运行中电磁环境的影响和危害

在电网运行过程中，带电的导体中存在运动的电荷，电荷周围会产生电场，而电荷的运动又会产生磁场。同时在电网运行过程中由于种种原因会导致带电导体内部的电荷分布不均匀，在电荷密度较大的部位电场强度高，从而引起电晕放电，在放电过程中会产生离子、噪声和无线电干扰等现象。

通常认为电磁辐射存在三个方面的危害，分别为干扰危害、对人体健康的危害和引爆危害，电磁辐射污染的危害见图 4-4。

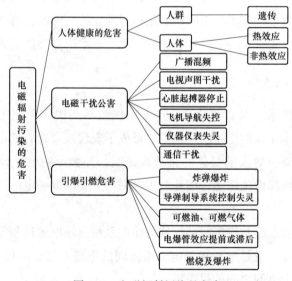

图 4-4　电磁辐射污染的危害

1. 交流输变电网的电磁环境

交流输变电系统的主要环境影响因素存在于工频电场及静电感应、工频磁场及电磁感应等。频率覆盖了从低频 50Hz 到上百兆赫兹的范围。

（1）工频电场与工频磁场。场是不可见也不可触及以特殊形式存在的物质。静止电荷周围空间中存在电场，电流中的运动电荷还会在周围环境中产生除电场之外的磁场。带电运行的输变电设备周围存在电场和磁场，均为其带电的导体上所载有的运动电荷所产生的。因此电场和磁场是伴随着电网运行即电能的传递而存在的，无法与电网的运行分割。

工频电场是由电网运行当中的输电线路和带电设备的电荷产生的，随着电网电压的变化而变化。变电站、换流站等设备集中的地方由于导线连接复杂，电场的分布受到带电体、绝缘体和接地装置三个部分相互影响。

输电线路的工频电场是由输电线路设备中的三相导体所产生的，受到周围地形与其他物体的影响。输电线路导线的布置方式决定了电场是如何分布的。输电线路的工频磁场是由于运行过程中的电荷运动产生的，受到周围地形和其他物体的影响小，电流集中的地方和设备密集的地方磁场较大，输电线路导线的分布方式也决定了其周围的磁场分布方式。

（2）无线电干扰。当带电导体的表面场强超过一定大小后，会将周围空气电离形成电晕，电晕会干扰无线电。为此我们可以这样认为，因为电晕放电产生的无线电干扰，是高压输电线路的固有附带特性。基本的频率在 30MHz 以内。

在无线通信过程中会发生信号损害或阻碍，从而导致无线电信号接收质量下降。

输电线路无线电干扰主要产生的原因是线路中主要带电导体的电晕放电，电晕产生电流脉冲注入导体并流向注入点两边，流过的电流形成电磁场干扰了无线电。由于输电线路运行当中导体始终"均匀"带电并不断产生"均匀"的电晕放电，并且伴随着电流注入点，由于重复率高产生"均匀"，这些电流可以看做是稳定存在的，所以输电线路的无线电干扰也可以看做是稳定存在的。

2. 直流输变电网的电磁环境

直流输电线路的电磁环境影响主要由直流合成电场、离子流、直流磁场，干扰频率从零赫兹到上百兆赫兹。直流输电特有的合成场强和离子流的特性，是直流输电与交流输电环境影响因素的重要差别。

（1）直流合成场强。直流线路中电流方向不会随时间进行周期变化，其导线电压产生场强与同一极性空间电荷产生场强的矢量和所构成的场强为直流合成场强。合成场强的大小与导线表面场强、电晕起始场强、导线分裂数、导线结构、直径、高度、间距等因素有关。在导线参数大小和条件确定后，合成电场大小与导线表面场强成正比，与电晕起始场强成反比。

（2）离子流。在空间中存在电离子运动就会形成带电离子流。单位面积中穿过的离子流量称为离子流密度。交流输电中，导线附近的正负离子在固定变化频率交变电场的影响下，不会发生长距离迁移；但对于直流输电，导线上的正负离子长距离迁移的距离可达几百公尺。

离子流密度与导体表面电场强度和产生电晕电场的电场强度有关。在线路中，导线表面的电场强度与导线的分裂数、子导线直径、极导线间距和导线对地高度有关。导线表面产生的起始电晕场强则与导线表面的实时性状，以及当时的天气状况有关。线路中导线尺寸一定，离子流的密度与导线表面场强高度正相关，与电晕起始场强负相关。

（3）直流磁场。直流磁场的产生原理与交流线路工频磁场的机理基本相同，即直流电流产生的磁场。但直流磁场会产生正负两个方向，方向只受到地球磁场的影响。一般情况下地球磁场强度在 $40 \sim 50 \mu T$。一般情况下 500kV 级直流输电工程，电流在 1200 ~ 3000A，当线路以额定电流运行时，所产生的磁场强度与地球磁场强度大体相当。

**二、电网运行中电磁环境的种类**

（一）变电站的电磁环境

变电站是电网中调整电压等级、负责电能接收和分配、控制电力流向的重要电力设施。变电站包含的设备有变压器、断路器、隔离开关、母线、电压互感器、电流互感器，以及用于控制、保护、监测的二次设备。

在运行中的变电站具有电压大、电流大、开关操作时扰动大等特点，以上特点对变电站的电磁环境扰动大，变电站运行中的各项设施与变电站运行中的动作造成了特殊和复杂的电磁环境。分析变电站中的电磁环境应从两个方向入手，即变电站的稳态电磁环境和变电站的暂态电磁扰动。

变电系统中采用大量微电子控制、计量、保护及通信系统，这些设备对电磁扰动耐受能力差，受电磁环境影响大。因此对变电站电磁环境进行研究，以及对变电设备在复杂电磁环境中的抗干扰性能进行研究对于保证电力系统安全可靠运行是十分必要的。

1. 变电站的稳态电磁环境

在变电站运行过程中，其多数设备具有电压高、电流大的特点，这些设备所引起的工频电磁场和线路设备电晕产生的无线电干扰形成了变电站稳态电磁现象。某 500kV 变电站工频电磁场监测数据见表 4-1，工频电磁场随衰减距离的改变见图 4-5 和图 4-6。

表 4-1 　　　　　　　　　某 500kV 变电站工频电磁场监测数据

| 电位序号 | | 工频电场（V/m） | 工频磁场（μT） |
|---|---|---|---|
| 站东 | 1 号 | 300 | 1.111 |
| | 2 号 | 457 | 0.527 |
| 站南 | 1 号 | 2879 | 1076 |
| | 2 号 | 98 | 0.287 |
| 站西 | 1 号 | 744 | 1.077 |
| | 2 号 | 487 | 0.898 |
| 站北 | 1 号 | 109 | 0.136 |
| | 2 号 | 1379 | 0.427 |
| 单向衰减距离 | 5m | 177 | 0.301 |
| | 7m | 175 | 0.287 |
| | 9m | 173 | 0.259 |
| | 11m | 172 | 0.246 |
| | 13m | 171 | 0.234 |
| | 15m | 165 | 0.226 |

续表

| 电位序号 | | 工频电场（V/m） | 工频磁场（μT） |
| --- | --- | --- | --- |
| 单向衰减距离 | 17m | 164 | 0.218 |
| | 19m | 162 | 0.206 |
| | 25m | 161 | 0.190 |
| | 30m | 160 | 0.183 |
| | 35m | 159 | 0.182 |
| | 40m | 150 | 0.181 |
| | 45m | 139 | 0.179 |
| | 50m | 137 | 0.178 |
| | 55m | 133 | 0.177 |
| | 60m | 132 | 0.175 |
| | 65m | 112 | 0.174 |
| | 70m | 104 | 0.171 |

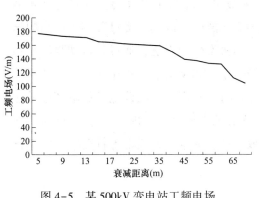

图 4-5　某 500kV 变电站工频电场
随衰减距离的改变

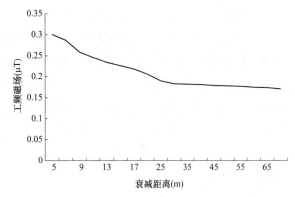

图 4-6　某 500kV 变电站工磁电场
随衰减距离的改变

由表 4-1 可知，变电站围墙周边与变电站远处电磁环境存在差异，从变电站衰减断面监测结果可以看出，随距离的增加，工频电场值呈明显降低趋势，工频磁场呈下降趋势。

（1）变电站稳态电场。变电站中的线路复杂，地面附近的电场主要是由站内主要带电设备的电压和对地高度决定的。通常状况下变电站的工频电场为带电构架和电气设备场强的合成，受设备类型及布置结构的影响。

变电站内部的电场考量通常是为了保障变电站工作人员的安全。因此考量位置一般为：垂直于母线任意两相间的巡视道、垂直于两个高压设备间的连接线、平行于母线的母线两相间的中心线和任意一相正下方与线外一定距离的位置，以及高压设备附近。一般情况下，110~750kV 变电站站内场强应不超过 10kV/m，1000kV 变电站站内场强应不超过 15kV/m。

变电站外部的电场水平一般作为变电站对变电站周边环境影响的考量因素。变电站站外的电场水平受到变电站带电设备布置、对地高度、与围墙距离和围墙高度等因素的影响。老式 AIS 变电站的站外电场强度很小，GIS 变电站外部电场水平与背景电场相当。

（2）变电站稳态磁场。变电站中的磁场是站内多种设备上的三相电流共同作用下产生的，在变电站的磁场环境中，磁场的方向与大小会随位置的变化而变化，空间的变化轨迹呈椭圆形。

变电站内的磁场大小与变电站内设备的对地高度、负荷大小和设备种类有关。在实际工作中，对变电站站内磁场的大小没有明确要求，但为保障工作人员健康与安全，磁场的磁感应强度不应大于 $100\mu T$，通变电站中的磁感应强度远小于该值。

变电站外的磁场很小，也作为对变电站周边环境影响的考量因素。由于数值不大，正常情况下各因素对磁场的影响效果不大。

（3）变电站对无线电的干扰。变电站在正常运行的过程中会影响到周围环境中的无线电接收质量和周边无线电设施站台的正常工作，但该无线电干扰值很低，该干扰不会对生态环境造成影响。对于无线电干扰的分析基于无线电干扰水平、无线电信号强度、信号与干扰之比（信噪比）和变电站与无线电接收点的距离等四方面因素。

变电站对无线电的干扰根源分为三类：①电晕放电；②高压电气设备发射的高频电流；③绝缘子火花放电和其他接触不良导致的间隙火花放电。以上三类过程产生的高频脉冲电流会产生无线电干扰。三类根源中，后两类为随机发生的干扰，通过日常加强清扫和检修维护可以降低发生概率。当变电站的运行电压大于 110kV 时，变电站对无线电的干扰以电晕放电的形式为主，且电晕放电伴随着变电站运行不断产生。因此电晕放电产生的无线电干扰是变电站的运行特性，且该类无线电干扰的频率通常在 30MHz 以内。同时，在变电站日常运行中，天气变化也会对变电站电晕放电产生影响，无线电干扰会随天气变化有较大范围变化。

2. 变电站的暂态电磁扰动

变电站中电磁环境复杂，多种因素相互作用，具有频率范围广、扰动强度大、传导途径多等特点。绝大多数电磁扰动现象在变电站中均会发生。变电站的暂态电磁扰动发生的程度和频率与变电站的电压等级和变压器容量成正比。

（1）动作扰动。由于变电站中使用的电容、电感等元件都具有储能的特性，所以变电站开关操作会产生振荡效应。这一暂态的振荡效应会通过系统中的电流互感器和电压互感器进入二次回路，二次回路当中会产生大量快速振荡脉冲。由变电站开关操作动作所产生的振荡效应对电磁环境的扰动称为动作扰动。

（2）雷电扰动。雷电击中电网后会在系统中产生过电压，这种过电压持续时间极短，是由雷击所造成的巨大电流流入引起的。雷电击中变电站附近线路后，会引起绝缘子闪络，产生的雷电冲击波会导致电压急剧上升，冲击波会沿线路侵入变电站。

在日常运行中，将发生的雷击分为直接和间接两种。直接为雷电直接击中系统线路或设备。变电站设备均有避雷针保护，很少被雷电直接击中。输电线路中，66kV 以上线路均装有避雷线，在避雷线的保护下，只有电流幅值较小的雷电才会直接击中输电线路。间接雷击是指雷电击中电力设施附近的物体，产生感应电压，所以间接雷击又称为感应雷击。

雷电扰动主要分为五种类型：①雷击造成绝缘损坏，发生接地故障，导致三相不均造成电压波动；②雷击造成绝缘损坏，发生接地故障，故障点产生脉冲磁场；③雷击造成过电压，电压对设备造成能量冲击扰动；④雷电击中避雷器造成动作，电流电压迅速变化，造成耦合扰动；⑤雷电击中其他站内金属构架，产生脉冲磁场。

（3）接地故障扰动。变电站运行过程中发生短路接地故障，大电流在接地点流入地网，导致地网电位升高。如果二次回路的接地点靠近接地点，会在二次回路中产生扰动电压。二次电缆外皮也与地网相连，由于接地故障导致的地网电位升高，会产生电流流向二次电缆外皮，感应电流与电缆芯相互作用产生感应电动势，会叠加在信号上造成扰动。

（4）其他扰动。变电站在运行过程中所使用的二次回路中的开关动作、站内使用的无线电通信终端设备、站内活动所产生的静电放电均会对站内电磁环境造成扰动，但造成影响较小，在此就不一一论述了。

（二）输电线路的电磁环境

输电线路是电网输送电能的高速通道，是电能的载体。电能的输送伴随着电荷的移动，而电荷的移动必然产生电场和磁场，因此在输电线路运行当中必然伴随电场和磁场的产生。

在我国，输电线路的工作频率为50Hz，我们将50Hz频率称为工频。虽然在理论上存在变化的电场会产生变化的磁场，变化的磁场又会产生变化的电场，但在工频下的电场与磁场由于频率极低，变化的电场产生的磁场及变化的磁场产生的电场极其微弱，所以其影响极小可忽略不计。同时，50Hz电源属于极低频范围，其波长为6000km，远大于输电设施尺寸，无法构成电磁能转化。因此，在工频状况下，可以粗略认为电场与磁场是相互独立的，工频电场与工频磁场可以分开讨论。某500kV输电线路工频电磁场监测数据见表4-2，其工频电磁场随距边相导线距离的变化情况见图4-7和图4-8。

表 4-2　　　　　　　　某 500kV 输电线路工频电磁场监测数据

| 距边相导线的距离（m） | 工频电场（V/m） | 工频磁场（μT） |
| --- | --- | --- |
| 0 | 316 | 0.359 |
| 5 | 340 | 0.378 |
| 10 | 241 | 0.340 |
| 15 | 74 | 0.312 |
| 20 | 56 | 0.292 |
| 25 | 48 | 0.276 |
| 30 | 36 | 0.261 |
| 35 | 28 | 0.227 |
| 40 | 15 | 0.203 |
| 45 | 11 | 0.193 |
| 50 | 9 | 0.187 |

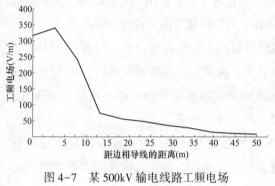

图 4-7　某 500kV 输电线路工频电场
随距边相导线的距离的改变而改变

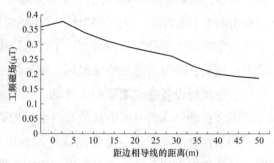

图 4-8　某 500kV 输电线路工磁电场
随距边相导线的距离的改变而改变

由表 4-2 可知，位于边导线外不远处点位工频电场强度最大，随着距离边相导线的距离越远，工频电场强度明显降低。位于边导线外不远处点位工频磁感应强度最大，随着距离边相导线的距离增大，工频磁感应强度呈下降趋势。

1. 工频电场

工频电场是一个静电场，频率为 50Hz，电场的方向周期性变化，在工频电场中所有导体内部的电荷会随着工频电场变化周期进行往复运动，产生感应电动势。这个电动势的大小与导体形状和工频电场的强弱有关，与导体本身的性质无关。

当导体处在任意一个电场中时，导体上的电荷运动也会产生电场，所产生的电场与原有电场叠加，会改变导体周围的电场分布。

输电线路的设计因素，如导线的种类、母线的分列方式与设计高度等，决定了输电线路产生的工频电场的大小和方向。同时工频电场会在输电线路边线外数十米迅速衰减，输电线路工频电场在地面附近的电场是近似均匀分布的。一般在地面附近的最大值出现在边线外不远处，且随距离增加场强降低很快。工频电场是输电线路的三相导线共同作用的合场强，所以工频电场的方向与大小随时间的变化而进行周期性变化。在地面附近，如果存在墙体、房屋等屏蔽物时，附近的工频电场会受到影响，导致工频电场畸变，而房屋等屏蔽物内部受到的工频电场的影响极小，仅等同于生活当中家电所产生的电场等级。

2. 工频磁场

输电线路在运行过程中，线路中的电流会在线路的周围产生磁场，所产生的磁场大小与线路中输送的电流大小成正比。输电线路产生的工频磁场一般采用磁感应强度进行表述。输电线路工频磁场强度跟随输电线路负荷的变化而变化，与工频电场相同，工频磁场强度也会随着距离线路的距离增加而减小，并且减小的幅度更大。但工频磁场只受磁场中的磁性物质影响，导体一般不会导致磁场改变。

工频磁场也受到输电线路的设计因素，如导线的种类、母线的分列方式和设计高度等因素影响。

3. 直流电场

直流电场为直流输电线路特有的电场环境，是由导线电荷和电晕产生的带电离子共同产生，又称为合成电场。合成电场会因为带电离子的布朗运动出现一定的波动，但可忽略不计，基本可以视为直流电场。

人体在直流电场中一般不会有什么内在感受，人体暴露在直流电场中，身体表面会产生电荷，感应电荷使人体内部合成电场强度几乎为零，使直流电场对人体内部没有影响。人体表面的感应电荷积累到一定程度后会与皮肤作用，对皮肤产生刺激感，当积累电荷的皮肤触碰到其他的导体时，电荷会通过接地放电。放电过程在瞬间完成，强烈时产生火花。

4. 直流磁场

在直流输电线路中的稳态直流电流会产生稳定的直流磁场，该磁场会对磁场中的运动电荷产生力的作用，产生的力为洛仑兹力。

人处于直流磁场中，身体内的神经传导与血液流动伴随着电荷运动，但只有在磁场强度极高（几特斯拉）的情况下磁场才会对人体内的神经传导和血液流动造成影响。而直流输电线路产生的直流磁场一般小于 $50\mu T$，与地球磁场大小相差无几，对人体几乎无影响。

（三）配电系统的电磁环境

配电系统是日常生活中最易与人们生活和居住环境相接触的电网运行系统。配电系统通常连接降压配电站，为电网末端，电压等级低、线路电流小，与变电、输电设施相比，其对周围环境中的电场、磁场的影响很小。

配电系统对电磁环境的影响仅限在其谐波对电气设备的危害及无线电的干扰。由于交流电网有效分量为工频单一频率，所以任何与工频频率不同的成分都可以称为谐波。由于正弦电压加压于非线性负载，所以基波电流发生畸变产生谐波。

谐波的危害十分严重。谐波会使电能生产、传输和利用的效率降低，使电气设备过热、产生振动和噪声，并使绝缘老化、使用寿命缩短，甚至发生故障或烧毁。谐波可引起电力系统局部并联谐振或串联谐振，使谐波含量放大，造成电容器等设备烧毁。谐波还会引起继电保护和自动装置误动作，使电能计量出现混乱。在电力系统外部，谐波会对通信设备和电子设备产生严重干扰。

**三、电网运行中电磁环境的控制措施及测量方法**

在电网运行的过程中要注重环境保护工作，从各个环节入手，采取有效的预防措施来降低对环境的影响。应严格执行国家环保法律、法规的要求，实现电网运行和周围环境协调发展。

为了减少或避免电网运行的电磁环境造成的不良影响或危害，更好地推动电网发展，必须对其电磁环境的影响进行控制。电网电磁环境影响的控制工作需要统筹考虑。单纯不计成本地将电网运行的电磁环境降低到毫无影响的水平，会急剧加大电网建设成本；同时大量采取防护措施还会造成社会的疑虑，不利于电网与公共环境和谐发展。因此在电网运行过程中，电磁环境影响的控制应以达到国家环保标准的要求为原则，通过在设计阶段根据相应标准规定的控制指标采取改善电网运行电磁环境的技术措施，使之达到环保要求。

（一）国家限值、标准

应当对电磁环境加以控制，但不能不计成本地将电磁环境影响完全消除，而是在保障人体健康和需求的情况下，结合经济性和技术条件控制电磁环境。为此国家制定了不同情况下的电磁环境限值，这些限值也是对电磁环境污染实施行政管理和技术控制的重要依据。

根据《电磁环境控制限值》（GB 8702—2014），环境中电场、磁场、电磁场场量参数的公众暴露控制限值见表 4-3。

表 4-3 公 众 暴 露 控 制 限 值

| 频率范围 | 电场强度 $E$（V/m） | 磁场强度 $H$（A/m） | 磁感应强度 $B$（μT） | 等效平面波功率密度 $S_{eq}$（W/m²） |
|---|---|---|---|---|
| 1～8Hz | 8000 | $32\,000/f^2$ | $40\,000/f^2$ | — |
| 8～25Hz | 8000 | $4000/f$ | $5000/f$ | — |
| 0.025～1.2kHz | $200/f$ | $4/f$ | $5/f$ | — |
| 1.2～2.9kHz | $200/f$ | 3.3 | 4.1 | — |
| 2.9～57kHz | 70 | $10/f$ | $12/f$ | — |
| 57～100kHz | $4000/f$ | $10/f$ | $12/f$ | — |
| 0.1～3MHz | 40 | 0.1 | 0.12 | 4 |
| 3～30MHz | $67/f^{1/2}$ | $0.17/f^{1/2}$ | $0.21/f^{1/2}$ | $12/f$ |
| 30～3000MHz | 12 | 0.032 | 0.04 | 0.4 |
| 3000～15 000MHz | $0.22f^{1/2}$ | $0.000\,59f^{1/2}$ | $0.000\,74f^{1/2}$ | $f/7500$ |
| 15～300GHz | 27 | 0.073 | 0.092 | 2 |

注 频率 $f$ 的单位为所在第一栏的单位。

（二）电磁环境测量方法

1. 电磁环境监测仪器和基本方法

（1）电磁环境测量仪器。电磁环境的测量按测量场所分为作业环境、特定公众暴露环境和一般公众暴露环境的测量；按测量参数分为电场强度、磁场强度、电磁场功率通量密度、无线电干扰等的测量。测量仪器根据测量目的分为非选频式宽带辐射测量仪和选频式辐射测量仪。

1）非选频式宽带辐射测量仪。采用偶极子和检波二极管组成探头时，该类仪器由三个长为 2～10cm 的正交偶极子天线，端接肖特基检波二极管、RC 滤波器组成。检波后的直流电流经高阻传输线或光缆送入数据处理和显示电路；当偶极子直径 $D$ 远小于偶极子长度 $h$ 时，偶极子互耦可忽略不计；由于偶极子相互正交，所以不依赖场的极化方向；探头尺寸很小，对场的振动扰动也小，能分辨场的细微变化。根据双锥天线理论，求得偶极子

等效电容 $C_A$、电感 $L_A$ 分别为

$$C_A = \frac{\pi \varepsilon_0 L}{\ln \dfrac{L}{a} + \dfrac{S}{2L} - 1}$$

$$L_A = \frac{\mu_0 L}{3\pi} \left( \ln \frac{2L}{a} - \frac{11}{b} \right)$$

式中　　$a$——天线半径；

　　　　$S$——偶极子截面积；

　　　　$L$——偶极子实际长度。

由于偶极子天线阻抗呈容性，所以输出电压是频率的函数，即

$$V = \frac{L}{2} \frac{\omega C_A R_L}{\sqrt{1 + \omega^2 (C_A + C_L)^2 R_L^2}}$$

式中　　$\omega$——角频率；

　　　　$f$——频率；

　　　　$C_L$——天线缝隙电容和负载电容；

　　　　$R_L$——负载电阻。

当三副正交偶极子组成探头时，它可以分别接收 $x$、$y$、$z$ 三个方向的场分量，经理论分析得出

$$U_{dc} = C |K_e|^2 \left[ |E_x(r\omega)|^2 + |E_y(r\omega)|^2 + |E_z(r\omega)|^2 \right] = C |K_e|^2 |E(r\omega)|^2$$

式中　　　　$C$——检波器引入的常数；

　　　　　　$K_e$——偶极子与高频感应电压间比例系数；

$E_x$、$E_y$、$E_z$——分别对应于 $x$、$y$、$z$ 三个方向的电场分量；

　　　　　　$E$——待测场的电场矢量；

　　　　　　$U_{dc}$——待测场的厄米特（Hermitian）幅度。

可见，用端接平方律特性二极管的三维正交偶极子天线，总的直流输出正比于待测场的平方，而功率密度亦正比于待测场的平方。因此经过校准后，$U_{dc}$ 的值就等于待测电场的功率密度。如果电路中引入开平方电路，那么 $U_{dc}$ 值就等于待测电场强度值。偶极子的长度应小于被测频率的半波长。

采用热电偶型探头时，采取三条相互垂直的热电偶结点阵作为电场测量探头，提供了与热电偶元件切线方向场强平方成正比的直流输出。待测场强为

$$E = \sqrt{E_x^2 + E_y^2 + E_z^2}$$

场强与极化无关。沿三个方向分布的热电偶元件最大尺寸应小于最高工作频率波长的 1/4，避免谐振。

采用磁场探头时，仪器由三个相互正交环天线和二极管、RC 滤波元件、高阻线组成，从而保证其全向性和频率响应。环天线感应电动势为

$$\zeta = \mu_0 N\pi b^2 \omega H$$

式中　　$N$——环匝数；

　　　　$b$——环半径；

　　　　$H$——待测场的磁场强度。

为了确保环境监测的质量，该类仪器电性能应符合下列基本要求：各向同性误差小于或等于 $\pm 1\mathrm{dB}$；系统频率响应不均匀度小于或等于 $\pm 3\mathrm{dB}$；灵敏度为 $0.5\mathrm{V/m}$；校准精度为 $\pm 0.5\mathrm{dB}$。

2）选频式辐射测量仪。该类仪器用于环境中低电平电场强度、电磁兼容、电磁干扰测量。除场强仪（或称干扰场强仪）外，可用接收天线和频谱仪或测试接收机组成的测量系统经校准后，用于环境电磁辐射测量。

场强仪待测场的场强值为

$$E(\mathrm{dB\mu V/m}) = K(\mathrm{dB}) + V_r(\mathrm{dB\mu V}) + L(\mathrm{dB})$$

式中　　$K$——天线校正系数，为频率的函数，可由场强仪的使用说明文件查得。

当被测场是脉冲信号时，不同带宽对应的 $V_r$ 值不同。此时需要归一化于 $1\mathrm{MHz}$ 带宽的场强值，即

$$E(\mathrm{dB\mu V/m}) = K(\mathrm{dB}) + V_r(\mathrm{dB\mu V}) + 20\log\frac{1}{B_w} + L(\mathrm{dB})$$

式中　　$B_w$——选用带宽，$\mathrm{MHz}$；

　　$K$、$L$——查表可得；

　　　　$V_r$——场强仪读数。

测量宽带信号环境辐射峰值场强时，要选用尽量宽的带宽。相应平均功率密度为

$$P_d\left(\frac{\mu W}{cm^2}\right) = \frac{10^{\frac{E(\mathrm{dB\mu V/m})-115.77}{10}}}{10q}$$

式中　　$q$——脉冲信号占空比。

$E$ 和 $P_d$ 和可以方便地计算出来。

频谱仪测量系统的工作原理与场强仪一致，只是用频谱仪作为接收机，此外频谱仪的 $\mathrm{dBm}$ 读数须换算成对 $50\Omega$ 系统，场强值为

$$E(\mathrm{dB\mu V/m}) = K(\mathrm{dB}) + A(\mathrm{dBm}) + 107(\mathrm{dB\mu V}) + L(\mathrm{dB})$$

微波测试接收机用微波接收机、接收天线也可以组成环境监测系统。扣除电缆损耗，功率密度可按下式计算，即

$$P_d = \frac{4\pi}{G\lambda^2}10^{\frac{A+B}{10}}\left(\frac{mW}{cm^2}\right)$$

式中　　$G$——天线增益（倍数）；

　　　　$\lambda$——工作波长，$\mathrm{cm}$；

　　　　$A$——数字幅度计读数，$\mathrm{dBm}$；

*B*——0dB 输入功率，dBm。

用于环境电磁辐射测量的各类仪器较多，凡是用于 EMC（电磁兼容）、EMI（电磁干扰）目的的测试接收机都可用于环境电磁辐射监测。专用的环境电磁辐射监测仪器，也可用上述方法组成测量装置实施环境监测。

（2）电磁污染源监测方法。

1）环境条件。应符合行业标准和仪器标准中规定的使用条件。测量记录表应注明环境温度、相对湿度。

2）测量仪器。可使用各向同性响应或有方向性的电场探头或磁场探头的宽带辐射测量仪。采用有方向性的探头时，应在测量点调整探头方向以测出测量点最大辐射电平。

3）测量时间。在电磁污染源正常工作时间内进行测量，每个测点连续测 5 次，每次测量时间不应小于 15s，并读取稳定状态的最大值。若测量读数起伏较大，应适当延长测量时间。

4）测量位置。取作业人员操作位置，距地面 0.5、1.0、1.7m 三个部位；辐射体各辅助设施（计算机房、供电室等）作业人员经常操作的位置，测量部位距地面 0.5、1.0、1.7m；辐射体附近的固定哨位、值班位置等。

5）数据处理。求出每个测量部位平均场强值（若有几次读数）

根据各操作位置的 *E* 值按《电磁辐射防护规定》作出分析评价。

2. 工频电场测量

（1）测试设备。工频电场测量的主要设备是场强仪。场强仪的类型主要有独立式、参照式和光电式三种，由感器（探头）和检测器（包括信号处理回路及表头）两部分组成。

探头的几何尺寸应比较小，不能因其引入而使被测电场中各电极表面的电荷分布有明显的改变。

场强仪测量的是场强脉动矢量或旋转矢量在探头主轴上的投影。场强仪的读数由校验标定，当电场为正弦量时，读数表示场强的有效值。

独立式场强仪的探头常由两个互相对称的电极组成，这两个电极互相绝缘又靠得很近，可以视为一对偶极子。

在均匀电场中偶极子所感生的电荷或电流与场强有如下关系，即

$$Q = KE$$

$$I = K\omega E$$

式中　*K*——比例系数，与偶极子的几何形状、尺寸有关，通常由校验确定；

　　　*Q*——感应电荷的有效值；

　　　*E*——电场强度；

　　　*I*——感应电流；

　　　*ω*——角频率。

只要测出偶极子探头上的感生电荷或感生电流，就可以得到相应的场强。

参照式场强仪探头由置于薄绝缘板上的平板电极和接地保护电极组成。保护电极的宽度至少应为平板电极边长的 6%，探头的厚度不超过其边长的 3.5%。探头与检测器常常是分离的，两者之间用同轴屏蔽电缆连接。

参照式场强仪常以"地"为参考电位。其工作原理与独立式场强仪相仿，可用来测量地平面处的场强，在非均匀电场中测量的则是探头表面的场强。

光电式场强仪一般应用介质晶体探头在电场中的普克尔（Pockels）效应来确定电场强度。其探头尺寸通常很小（2cm 左右），探头和检测器之间无电气连接，仅用光纤相连，因此探头的引入对被测电场的影响极小。

当介质晶体按一定方向放入电场时，由于电场的作用，晶体对偏振光的折射率发生变化，这种变化的大小与电场强度成正比，即透射光 $I_0$ 和入射光 $I_i$ 之比为

$$\frac{I_0}{I_i} = (1 + \sin M)/2$$

$$M = E/F_0, \quad F_0 = \lambda/(2\pi n^3 cL)$$

式中　$\lambda$——光的波长；

　　　$n$——晶体的折射率；

　　　$E$——晶体内的电场强度；

　　　$L$——晶体的厚度；

　　　$c$——光电系数。

光调制的大小反映了晶体内部场强的数值，从而也间接测量了外部电场的场强。

独立式场强仪和光电式场强仪不需要参考电位，可用来测量离地不同高度处的空间场强。

（2）电场强度的测量。

1）三相输电线路下电场的测量。三相输电线路的电场矢量在空间以一个椭圆轨迹作旋转，在地平面处旋转矢量则变成了垂直于地面的脉动矢量。

在三相输电线下，离地面 0~2m 高的范围内，电场的水平分量不大。因而在地面附近测量输电线路电场时，探头的主轴方向应取垂直方向。

用独立式或光电式场强仪测量高于地面的空间场强时，场强仪探头中心对地高度应大于其最大对角线长度的 2 倍，并应注明测试点离地的高度。

测量地点应比较平坦，且无多余物体。对不能移开的物体，应该记录其尺寸及与线路的相对位置，并应补充测量离物体不同距离处的场强。探头与永久性物体之间的距离应大于其最大对角线的 2 倍。

测试人员的存在会使被测电场产生畸变，称为邻近效应，该邻近效应与探头的离地高度、测量人员的身高、测量人员与探头之间的距离等参数有关。邻近效应要求小于 3%。

2）变电站电场的测量。在变电站内不但应测量离地一定高度处的空间场强，而且要

测量地平面处的场强。为全面反映人体在电场中的感应，一般还需要测量人体的感应电流。

用独立式场强仪测量邻近构架等接地物体附近的空间场强时，应使探头中心与构架等表面最小距离大于探头最大对角线的 4 倍。在变电站内进行电场测量时应遵守高压设备附近工作的安全规程。

3）影响电场测量准确性的因素。影响测量准确性的因素主要有以下几点：

a. 绝缘支撑物的泄漏。

b. 湿度。测量应在相对湿度不超过 80% 时进行。

c. 温度。当温度从 0℃ 增至 40℃ 时，指针式仪表头场强仪的误差会高达 8% 左右。

d. 读数误差。

3. 工频磁场的测量

（1）工频磁场测量仪表。

1）磁感应效应仪表。磁感应强度可由电屏蔽线圈组成的磁场探头与电压表一起测量。

2）磁光效应仪表。利用磁场对光和光磁的相互作用而产生的磁光效应来测量磁场。

（2）测量方法。工频磁场的测量一般可以采用电磁感应法或霍尔效应法，这里主要介绍电磁感应法。

1）测试原理。计算式为

$$e = \frac{\mathrm{d}\psi}{\mathrm{d}t}; \quad e = -N\frac{\mathrm{d}\varnothing}{\mathrm{d}t} = -NS\frac{\mathrm{d}B}{\mathrm{d}t}; \quad e = -N\omega SB_0\cos\omega t \quad (B = B_0\sin\omega t)$$

感应电动势与待测磁感应强度成正比，因此可以通过测量探测线圈中的感应电动势来测定待测磁场。

2）测量仪器的配置。工频磁场测量仪器由多匝探测线圈和一个交流电压表组成。为了避免周围电场在线圈中引起感应电流，可采用电屏蔽的探测线圈。

选择交流电压表时，一方面要考虑灵敏度；另一方面，为了使探测线圈中感应电流产生的反向磁场足够小，交流电压表的内阻应该比较大。

3）工频磁场的测量。工频磁场通常在地面上 1m 高处进行测量，在其他高度上测量应说明测试点的高度，磁性材料或非磁性的导电物体离测试点的距离应大于该物体最大尺寸的 3 倍。测量时探测线圈平面与磁场垂直。可在水平面内绕垂直轴线转动线圈，寻找电压表指示最大时线圈的位置；然后在水平面内绕自身的轴线转动线圈，再寻找电压表指示最大时线圈的位置。使电压表的指示最大，根据校准的 $U-B$ 曲线即可得到被测磁场的值。

（3）影响磁场测量准确度的因素。

1）近距离的影响。探头距离磁性材料或非磁性导电物体至少为物体最大尺寸的 3 倍。

2）感应电流的影响。避免周围电场引起感应电流，将探头静电屏蔽。

3）温度的影响。

**4. 测试实例**

按照《环境影响评价技术导则　输变电工程》（HJ 24—2014）、《建设项目竣工环境保护验收技术规范　输变电工程》（HJ 705—2014）、《交流输变电工程电磁环境监测方法（试行）》（HJ 681—2013）中规定的布点方法，对变电站及线路的工频电场、工频磁场进行监测布点。

（1）变电站及周围敏感目标工频电场、工频磁场监测布点。

1）在某 220kV 变电站厂界外 5m 处每边布设 2 个监测点位，进行工频电场、工频磁场监测，监测点位应远离进出线（距进出线边导线地面投影不少于 20m）。

2）变电站四周围墙外 100m 范围内，分别选取每侧距变电站最近的敏感建筑进行工频电场、工频磁场监测。

（2）输电线路及周围敏感目标工频电场、工频磁场监测布点。

1）根据工程统计资料和现场勘查情况，对线路跨越的环境敏感目标均进行监测，若无跨越则选取每处（相邻两基杆塔之间）最近的一户（如距离一样，则选取楼层较高的）环境敏感目标进行工频电场、工频磁场监测。每处环境敏感目标应至少有一个监测数据。

2）输电线路工频电场、工频磁场断面监测布点。多回架空线路，在以导线档距中央弧垂最低位置的横截面方向上，以弧垂最低位置处档距对应两杆塔中央连线对地投影为起点，间距 5m 布设监测点，顺序测至距线路边导线投影 50m 处（距两杆塔中央连线 55m）为止。在测量最大值时，两相邻监测点的距离应不大于 1m。

单回输电线路，在以导线档距中央弧垂最低位置的横截面方向上，以弧垂最低位置处中相导线对地投影为起点，间距 5m 布设监测点，顺序测至距线路边导线投影 50m 处（距两杆塔中央连线 55m）为止。在测量最大值时，两相邻监测点的距离应不大于 1m。

监测环境条件见表 4-4。

表 4-4　　　　　　　　　各工程监测时气象条件一览表

| 监测时间 | 天气情况 | 温度（℃） | 湿度（%RH） | 风速（m/s） |
|---|---|---|---|---|
| 2016 年 7 月 26 日 | 晴 | 34~38 | 60~68 | 0.5~1.0 |
| 2016 年 7 月 27 日 | 晴 | 35~39 | 62~69 | 0.5~1.2 |
| 2016 年 7 月 28 日 | 晴 | 34~37 | 60~67 | 0.2~1.4 |

监测仪器主机型号为 NBM550，编号为 G-0184；探头型号为 EHP-50F，编号为 000WX50618；检定有效期为 2015 年 11 月 11 日~2016 年 11 月 10 日，生产厂家为 Narda 公司；频率响应为 1Hz~400kHz；工频电场测量范围为 5mV/m~1kV/m、500mV/m~100kV/m；工频磁场测量范围为 0.3nT~100μT、30nT~10mT。

监测工况见表 4-5。

表 4-5 监测时工况负荷情况一览表

| 工程名称 | 项目组成 | 有功（MW） | 电压（kV） | 电流（A） |
|---|---|---|---|---|
| 某 220kV<br>输变电工程 | 1 号主变压器 | 23.5~32.4 | 222.3~229.6 | 56.9~75.4 |
| | 220kV 某到某 2V19 线 | — | 222.7~228.7 | 55.7~69.8 |
| | 220kV 某到某 2V10 线 | — | 223.4~227.9 | 56.8~70.2 |
| | 110kV 某到某 4C4 线 | — | 112.3~116.5 | 34.6~59.8 |
| | 110kV 某到某 4C7 线 | — | 111.9~119.8 | 42.3~60.3 |

监测结果见表 4-6。

表 4-6 某 220kV 变电站周围工频电场、磁场监测结果

| 测点序号 | 测点位置 | 测量结果 | |
|---|---|---|---|
| | | 工频电场强度（V/m） | 工频磁感应强度（μT） |
| 1 | 变电站东侧围墙外 5m 北端 | 156.6 | 0.260 |
| 2 | 变电站东侧围墙外 5m 南端 | 12.1 | 0.072 |
| 3 | 变电站南侧围墙外 5m 东端 | 13.9 | 0.059 |
| 4 | 变电站南侧围墙外 5m 中端 | 18.2 | 0.078 |
| 5 | 变电站西侧围墙外 5m 南端 | 26.5 | 0.115 |
| 6 | 变电站西侧围墙外 5m 北端 | 4.1 | 0.073 |
| 7 | 变电站北侧围墙外 5m 西端 | 13.0 | 0.071 |
| 8 | 变电站北侧围墙外 5m 东端 | 15.3 | 0.084 |
| 9 | 变电站西南侧约 25m 某村某家西侧 | 13.7 | 0.253 |
| 10 | 变电站东侧约 65m 某村某家西侧 | 163.5 | 0.151 |
| 标准限值 | | 4000 | 100 |

注 某 220kV 变电站东侧为树林及水塘，不具备断面监测条件。

监测结果表明，某 220kV 变电站周围测点处工频电场强度为 4.1~156.6V/m，工频磁感应强度为 0.059~0.260μT；敏感目标测点处工频电场强度为 13.7~163.5V/m，工频磁感应强度为 0.151~0.253μT。

某 220kV 线路监测结果见表 4-7 和表 4-8。

表 4-7 S 到 T π入 B 变压器 220kV 线路沿线敏感目标处工频电场、工频磁场监测结果

| 测点序号 | 测点位置 | | 测量结果 | |
|---|---|---|---|---|
| | | | 工频电场强度（V/m） | 工频磁感应强度（μT） |
| 1-1 | T 到 B 180~181 号<br>B 到 S 1~2 号 | L 村某家北侧<br>（边线南 35m，3 层平顶） | 186.5 | 0.162 |
| 1-2 | | L 村 Z 家在建民房（工地）北侧<br>（边线南 30m，在建） | 172.3 | 0.173 |

| 测点序号 | 测点位置 | | 测量结果 | |
|---|---|---|---|---|
| | | | 工频电场强度（V/m） | 工频磁感应强度（μT） |
| 2 | T 到 B 159~160 号<br>B 到 S 22~23 号 | H 家新屋养殖厂房北侧①<br>（边线南 5m，1 层尖顶） | 966.4 | 0.588 |
| 3 | T 到 B 155~156 号<br>B 到 S 26~27 号 | S 村 H 家民房大门前<br>（跨越院子，1 层尖顶） | 258.9 | 0.283 |
| | 标准限值 | | 4000 | 100 |

① 该测点处线路对地高度较低。

表 4-8　　S 到 T π 入 B 变压器 220kV 线路工频电场、工频磁场断面监测结果

| 测点序号 | 测点位置 | | 测量结果 | |
|---|---|---|---|---|
| | | | 工频电场强度（V/m） | 工频磁感应强度（μT） |
| 1 | | 0m | 956.2 | 0.641 |
| 2 | | 1m | 969.9 | 0.640 |
| 3 | | 2m | 970.4 | 0.642 |
| 4 | | 3m | 988.6 | 0.621 |
| 5 | | 4m | 1074.9 | 0.609 |
| 6 | | 5m | 991.3 | 0.593 |
| 7 | | 6m | 967.5 | 0.575 |
| 8 | 220kV T 到 B，2V19 线/B 到 S，2V10 线 22~23 号塔间弧垂最低位置横截面上，距杆塔中央连线对地投影（弧垂对地高度为 16m） | 10m | 573.6 | 0.490 |
| 9 | | 15m | 312.4 | 0.402 |
| 10 | | 20m | 177.9 | 0.301 |
| 11 | | 25m | 102.2 | 0.269 |
| 12 | | 30m | 87.7 | 0.202 |
| 13 | | 35m | 68.6 | 0.155 |
| 14 | | 40m | 46.0 | 0.109 |
| 15 | | 45m | 31.1 | 0.087 |
| 16 | | 50m | 28.2 | 0.047 |
| 17 | | 55m | 22.8 | 0.036 |
| | 标准限值 | | 4000 | 100 |

　　监测结果表明，S 到 T π 入某变压器 220kV 线路沿线敏感目标测点处工频电场强度为172.3~966.4V/m，工频磁感应强度为 0.162~0.588μT；线路监测断面测点处工频电场强度为 22.8~1074.9V/m，工频磁感应强度为 0.036~0.642μT。

　　某 110kV 线路监测结果见表 4-9。

表 4-9　　S 到 H π 入 B 变压器 110kV 线路工频电场、工频磁场监测结果

| 测点序号 | 测点位置 | | 测量结果 | |
|---|---|---|---|---|
| | | | 工频电场强度（V/m） | 工频磁感应强度（μT） |
| 1 | 110kV B 到 S 4C4 线 | 9~10 号塔间弧垂最低处 | 179.0 | 0.127 |
| 2 | 110kV B 到 D 4C7 线 | 9~10 号塔间弧垂最低处 | 189.8 | 0.177 |
| | 标准限值 | | 4000 | 100 |

监测结果表明，S 到 D π 入 B 变压器 110kV 线路测点处工频电场强度为 179.0～189.8V/m，工频磁感应强度为 0.127～0.177μT。

（三）电磁环境控制措施

电网运行的电磁环境控制与治理的目的是减少、避免或消除电网运行电磁环境对人体健康和各种电子设备产生的不良影响或危害，以保护人群身体健康和环境。基于这个目的，要求对电网运行中的各带电设备，从设计、制造到使用都应注意到电磁环境的影响问题。既要做到建造出各种电磁环境满足国家标准要求的设备，又要对运行中的设备进行检修，完善其控制与治理。

随着超高压输电线路引起的环境投诉与纠纷越来越多，如何降低超高压输电线路下方的工频电场强度已经成为环境保护和电力部门面临的一个焦点问题。

1. 影响输电线下工频电磁场的主要因素

输电线下空间某点电场强度值与每根导线上电荷的数量，以及该点与导线之间的距离有关。导线上电荷的多少，除与所加电压有关外，还与导线的几何位置及其尺寸有关。因此，导线的布置形式、对地距离和相间距离、分裂根数，以及双回路时两回路间电压的相序等，都直接影响线下电场强度的分布和大小。

导线最低距离不大时，增加导线对地距离，地面上 1.5m 处的场强减小得很显著；随着导线对地距离的增加，场强减小程度逐渐缓慢。因此，当导线对地距离增加到一定程度时，再靠抬高导线来减小地面附近的电场强度，经济投入会比较大。

减小相间距离时，最大场强值和高场强覆盖范围都相应减小，但场强的减小程度没有增加线路对地距离效果明显。如果大幅度减小相间距离，如采用 V 型绝缘子串，虽然能比较明显地减小线下场强值，但会受到相间绝缘的限制。

减少分裂导线的根数和分裂间距，对减小地面场强还是很有效的。但值得注意的是，减少分裂根数，可使导线表面场强增大，使无线电干扰和可听噪声增加。子导线半径变化对线下空间场强的影响不大。

对于单回路输电线路，倒三角排列对减小最大场强和高场强区的效果较好；对于双回路输电线路，逆相序排列对减小最大场强和高场强区的效果较好。由此可见，在线路设计中选择导线布置方式时，应考虑（至少在某些对场强有较严格限制的特殊段）在单回路中采用倒三角布置，在双回路中采用逆相序布置，对减小线下最大场强和节省线路走廊都有利。

2. 工频电磁场的控制

从根本上控制电网运行中工频电磁场的控制应从以下几个方面入手：

（1）输电线路架设方式的选取。输电线路周边电磁环境与线路运行的电压等级和负荷大小有关。同时，导线类型、对地高度和塔形，以及母线分裂方式对其电磁环境的影响也极其重要。综上所述，在输电线路规划设计阶段，可以从线路的电场效应、绝缘配合、电晕效应及成本造价等各方面来综合考虑其结构参数。在不影响线路主要性能参数的前提下，可以适当改变线路的结构参数和布置方式来降低其周围的工频电场。如增加输电线离地高度；在相间绝缘允许的情况下，适当减小相间距离；减小分裂导线根数也可以减小场强，但需要增加无线电干扰水平；合理布置导线位置，无论单回路还是双回路，采用倒三角排列可减小线下场强和节省线路走廊；在采用双回路输电时，应考虑采取逆相序排列方式。

而对于已经建成投运的输电线，调整其各种线路参数一般都是较难实现的。因此，当需要降低线路下方场强时，尤其是人员活动频繁或有特殊需要而必须将输电线下方场强控制在很低数值的一些地方，可在相导线与地面之间安装屏蔽线和屏蔽网来抑制电场强度。

（2）采用电磁屏蔽技术。对于电网系统运行中的局部电磁环境超标的区域，采用电磁屏蔽技术是有效的解决手段。一般来讲，电磁屏蔽需要使用导体制作严密的屏蔽措施。但这里讲的屏蔽并非严格意义上的屏蔽，我们日常生活中居住的房屋对电网运行产生的工频电磁场的屏蔽效果就足以使工频电磁场降低到允许水平。对于特殊的场强区域，应设置屏蔽线或屏蔽墙进行电磁场强度的控制。通常采用以下电磁屏蔽技术进行屏蔽：

1）采用房屋、墙体对工频电场源进行屏蔽。

2）增设屏蔽线降低局部区域工频电场强度。

3）同杆塔架设多回不同电压线路降低电场强度。

4）种植适宜的植物屏蔽电磁场。

5）采用磁性介质外壳进行必要的静磁屏蔽。

6）采用抗磁材料进行磁场屏蔽。

3. 控制导线电晕产生

高压电网运行过程中会在线路周围产生很强的电场，而在线路周围存在的主要介质是空气。在导线表面产生的电场强度达到一定的强度时，线路周围的空气会被电离产生放电现象，即电晕放电。

通常情况下可通过以下措施降低导线电晕放电的产生：

（1）减少分裂导线直径，降低导线表面电场强度，减少电晕产生。

（2）增加分裂导线数，降低导线表面电场强度，减少电晕产生。

（3）在一定程度内增加子导线间的分裂间距，降低导线表面电场强度，减少电晕产生。

（4）采用非对称分布的分裂导线，减少电晕产生。

（5）使用细导线或者带有突起物的导线，减少电晕产生。

（6）在导线表面覆盖绝缘层，减少电晕产生。

（7）在导线上套绝缘管，减少电晕产生。

（8）使用具有疏水性表面的新型导线，减少雨天电晕产生。

## 第二节　电网运行过程中的噪声影响及解决措施

声音由物体振动产生，振动的物体称为声源。振动可以在诸如气体、固体、液体等弹性介质中以声波的方式进行传播。我们日常生活中听到的声音一般都是由空气所传播的声波。

从物理学的角度可将噪声分为乐声与噪声两种。乐声听上去让人心旷神怡，噪声则让人十分烦躁。这是因为当发声物体进行振动时，有的物体发出的是具有单一声调的声音，产生声音的振动也为单一频率的振动，这样的声音为纯音。但在实际过程中，物体产生的振动复杂，由很多频率不一的简谐振动组成。这些简谐振动中频率最低的为基音，其余则为泛音。但当所有泛音的频率为基音的整数倍时，这些泛音也被称为谐音。基音与谐音的组合十分悦耳，且波形变化十分规律，这种声音就是乐音。如果泛音的频率杂乱且由复杂振动产生，那么这个声音将变得刺耳难听、使人厌烦，这类频率杂乱、强度不同的声音就成为了噪声。各种噪声之间的差异就在于声音所包含的频率组成和声音的强度都不相同，因此噪声具有各种不同的种类和性质。

### 一、噪声的概念

（一）基本概念

声音的频率是指声源在每秒内振动的次数，通常用 $f$ 来表示，单位为赫兹（Hz）。声源完成一次振动的时间称为周期，通常用 $T$ 表示，且 $T=1/f$。通常根据声音频率的不同将声音分为三类，即次声、可听声、超声。一般将频率低于 20Hz 的声波称为次声，频率为 20~20 000Hz 的称为可听声，频率大于 20 000Hz 的称为超声。这样区分的依据是人类的听觉范围为 20~20 000Hz，小于 20Hz 和大于 20 000Hz 的声音人耳都无法听到。

声波在一个周期内在介质中传播的距离称为波长。波长与频率存在反比关系，即

$$\lambda = c_0/f$$

式中　$\lambda$——声波波长；

　$c_0$——声速；

　$f$——声波频率。

即声音的频率越大，波长越短；频率越小，则波长越长。

声音在不同介质中的传播速度也不同，因而声音在不同介质中的波长也随之成比例改变。声波是一种机械波，机械波的传递必须在介质中进行，因此在真空中声音无法传播。声音在铜中的传播速度为3750m/s，在钢铁中的传播速度为5200m/s，表4-10所示为几种常见介质中声音在常温下传播的速度。

表 4-10 几种常见介质中声音在常温下传播的速度

| 介质种类 | 空气 | 水 | 钢 | 松木 | 砖头 |
|---|---|---|---|---|---|
| 声速（m/s） | 345 | 1500 | 5000 | 3000 | 3600 |

声音的传播速度与介质和温度有关，在空气中，声速 $c$ 和温度 $t$（℃）的关系可简写为

$$c = 331.4 + 0.607t$$

声音的大小有区分，声源物体的振动幅度越大，发出声音的强度越强，反之则越弱；物体振动的频率越快，声音越高，反之则越低。

声音在空气中传播，则空气中的粒子也随声波一同振动，导致空气的压力压强发生变化。介质中有声场时与无声场时的大气压差即为声压，也即介质中单位面积因声波引起的压力增量，通常用 $p$ 来表示，单位为 Pa。声压是用于表征声音强弱的量。人类的听觉能感受到的声压极限为 $2 \times 10^{-5}$ Pa，该值为听阈声压；人耳能承受的声压为 20Pa，声压超过该值人耳会产生痛感，因此该值称为痛阈声压。

一般情况下，讨论声波时经常研究瞬时间隔内声压的有效值，即声压随时间变化的均方根值为有效声压值。正弦波的有效声压等于瞬时声压的最大值除以 $\sqrt{2}$，该值称为有效声压。

声波以波的形式向空间辐射能量，因此可以用能量来表示声波的强弱。单位时间内通过垂直于声波传递方向面积的能量称为声强，一般用 $I$ 表示，单位为 $W/m^2$。

在介质为均匀介质、声场为无限大的环境中，声压与声强存在下列关系，即

$$I = \frac{p^2}{\rho c}$$

式中　$p$——有效声压，Pa；

　　　$\rho$——空气密度，$kg/m^3$；

　　　$c$——空气中的声速，m/s。

声波在单位时间内向空间内传递的能量称为声功率，通常用 $W$ 表示，单位为 W，$1W = 1N \cdot m/s$。

在声场为无限大的环境中，当声波作球面辐射时，声功率与声强的关系为

$$I = \frac{W}{4\pi r^2}$$

式中　$I$——距离声源 $r$ 处的平均声强，$W/m^2$；

　　　$W$——声源传递的声功率，W；

　　　$r$——距离声源的距离，m。

（二）声压级

声压级常用符号 $L_p$ 表示，它的意义为

$$L_p = 20\lg\frac{p_e}{p_0}$$

式中　$p_e$——有效值；

　　　$p_0$——参考声压。

在空气中，$p_0$ 规定为 $2\times10^{-5}\mathrm{Pa}$，该数值是正常人耳对 1000Hz 声音的有感最低声压值，也即频率为 1000Hz 声音的可听声压。低于该值，人耳就无法听到该声音的，即听阈声压级为 0dB。

人耳的感觉特性范围为 $2\times10^{-5}\sim20\mathrm{Pa}$，20Pa 为人耳产生疼痛感觉的声压，称为痛阈声压。两者相差 100 万倍，而使用声压级来表示该范围时可变为 $0\sim120\mathrm{dB}$，表示更加直观。一些常见的现象如微风吹过树叶的声音约为 20dB；图书馆中安静时的声音通常为 40dB；距飞机起飞 5m 处的声音约为 140dB。一般一个声音比另一个声音声压大一倍时，声压级增加 6dB。人耳对于声音强弱的分辨能力为 0.5dB。

（三）声强级

声强级一般用 $L_I$ 表示，定义为待测声强 $I$ 与参考声强 $I_0$ 的比值取常对数再乘以 10，其表达式为

$$L_I = 10\lg\frac{I}{I_0}$$

一般情况下，空气中参考声强 $I_0$ 取 $1\times10^{-12}\mathrm{W/m^2}$，则有

$$L_I = 10\lg I + 120$$

式中　$I$——声强，$\mathrm{W/m^2}$；

　　　$I_0$——取 $1\times10^{-12}\mathrm{W/m^2}$。

参考声强是空气中参考声压 $p_0 = 2\times10^{-5}\mathrm{Pa}$ 所对应的声强。当温度为 38.9℃，空气的特性阻抗（$\rho c$）取 400Pa/m 时，有

$$I_0 = \frac{p_0^2}{\rho c} = 1\times10^{-12}\mathrm{W/m^2}$$

声强级与声压级的关系为

$$L_I = 10\lg\frac{I}{I_0} = 10\lg\frac{p^2}{\rho c I_0} = 10\lg\frac{p^2}{P_0^2} + 10\lg\frac{p_0^2}{\rho c I_0} = L_p - 10\lg k$$

$$k = \rho c I_0/p_0^2 = \rho c/400$$

在一定程度下 $k$ 值为常数。在标准大气压下，温度为 38.9℃ 时 $\rho c = 400\mathrm{N\cdot s/m^2}$，则 $k=1$，$\lg k=0$，$L_I = L_p$，这种状况下的声压级等于声强级。在常温下声压级与声强级差别极小，在噪声范围内讨论可以忽略不计，所以在一般温度下可认为 $L_I \approx L_p$。

（四）声功率级

上述提到通常用声功率表征声源在空间中辐射能量的特性，声功率也有声功率级，其定义为

$$L_W = 10\lg \frac{W}{W_0}$$

$W$ 可以换为表示噪声声功率的平均值 $\overline{W}$。在空气中，参考声功率为 $W_0 = 1 \times 10^{-12}\,\mathrm{W}$，因此有

$$L_W = 10\lg \overline{W} + 120$$

声功率级表示噪声向空间中辐射声功率的特性，因此广泛应用于机器噪声的测量与评价。几种常见声音的声功率与对应的声功率级见表 4-11。

表 4-11　　　　　　　　　　几种常见声音的声功率与对应的声功率级

| 噪声源 | 声功率（W） | 声功率级（dB） |
|---|---|---|
| 耳语 | $1 \times 10^{-9} \sim 1 \times 10^{-8}$ | 30~40 |
| 普通对话 | $1 \times 10^{-5}$ | 70 |
| 钢琴 | $1 \times 10^{-3}$ | 90 |
| 汽车喇叭 | $1 \times 10^{-2}$ | 100 |
| 织布机 | $1 \times 10^{-1}$ | 110 |
| 风动铆枪 | 1 | 120 |
| 大型高压风机 | 10 | 130 |
| 喷气式飞机 | $1 \times 10^2$ | 140 |
| 火箭发动机 | $1 \times 10^6$ | 180 |
| 涡轮发动机 | $1 \times 10^4$ | 160 |
| 螺旋桨发动机 | $1 \times 10^2$ | 140 |
| 100kW 柴油机 | 1 | 120 |
| 0.75kW 汽油机 | $1 \times 10^{-2}$ | 100 |
| 小型空调 | $1 \times 10^{-6}$ | 60 |
| 空调供气口 | $1 \times 10^{-10}$ | 20 |
| 离心式风机 | $1 \times 5^{-2}$ | 106 |
| 高音喇叭 | $1 \times 10^{-1}$ | 110 |

（五）计权声级

声级计测量噪声时主要测量噪声的声压。为将测量的数据整合为易读且便于理解的数据，需要在声级计内加入一套滤波网络，结合等响曲线对人耳不敏感的频率进行衰减，对人耳敏感的频率进行加强，使得测得的数据能更直观地表现听觉的主观感受。这种方法称为频率计权，而加入的滤波网络称为计权网络，由计权网络处理后的声级称为计权网络。

常用 A 计权网络测量噪声，A 计权网络是以 40 方等响曲线为基准设计的，符号为 $L_A$，单位为 dB（A）。其设计理念是模拟人耳对低频噪声（小于 500Hz）的不敏感，衰减较大时，对于高频噪声不处理或有稍微放大。这样的 A 计权处理方法使声级计对低频段灵敏度低，对高频段灵敏度高。A 声级基本上与人耳的感觉一致。

（六）等效连续 A 声级

A 声级是一个非稳态的实时值，只能表征某一时刻的噪声值。用一个在相同时间内声能与之相等的连续稳态 A 声级表示该时段内不稳定的声级，称为等效连续 A 声级。

等效连续 A 声级用符号 $L_{aeq}$ 表示，单位为 dB（A）。等效连续 A 声级反映了噪声起伏变化的情况下，实际接受的噪声能量大小。

等效连续 A 声级表示为

$$L_{aeq} = 10\lg \frac{1}{T} \int_0^T 10^{\frac{L_{Ai}}{10}} \mathrm{d}t$$

式中    $L_{Ai}$——某一时刻 $t$ 的噪声级；

       $T$——测定的总时间。

（七）噪声的污染及危害

噪声已成为与大气污染、水污染和生活垃圾排放并列的社会公害。噪声污染具有无形性，是一种感觉性的公害，是影响面很广的环境污染，广泛影响人类的各种生活，同时具有局部性、暂时性和多发性的特点。强烈的噪声除会导致耳聋外，还会对人类的神经、心血管、消化及生殖等生理系统产生不良影响。

1. 噪声对听觉和视觉的危害

人如果长期处在强烈的噪声作用下，听力就会减弱，造成听觉器官性损伤，导致听力下降。噪声对听力的损害是人类最早认识到的一种噪声危害。

如果人员未采取任何有效防护措施长期处于高噪声环境下，可导致永久性的不可逆听力损伤，甚至可能导致严重性的职业耳聋。研究表明，工作环境声级在 80dB（A）以下，才能保证长期工作不致影响听力。

噪声对视力的危害常常因噪声对听觉的危害而被忽视，实际上噪声对于视力也具有危害性。根据研究，当噪声水平达到 90dB 时，人的视觉细胞的敏感度会下降，识别弱光的反应时间会变长；当噪声水平达到 95dB 时，会造成部分人群瞳孔放大，导致视觉模糊；而当噪声水平达到 115dB 时，绝大部分人群眼睛对光线的适应性会减弱。长时间暴露在噪声环境中的人员会出现眼疲劳、疼痛、视觉模糊和流泪等症状。同时，有研究表明噪声可导致视力色觉异常，红、白、蓝色弱等。

2. 噪声对睡眠质量的危害

睡眠是人类调节新陈代谢、保持人体循环正常的重要途径。睡眠可使人类大脑及中枢神经系统得到休息，消除体力和脑力疲劳。一个人睡眠质量的好坏决定了其健康程度。噪声会影响人类的睡眠质量，或使人无法进入睡眠状态，导致人们的身体健康和作息时间受到影响。噪声对老年人和病人的影响与危害更为严重。通常情况下，当噪声值为 50dB 左右时，会对人类睡眠造成干扰。研究发现，在噪声环境中，人类一般难以进入熟睡状态，睡眠时多梦，并且突然的噪声会使人惊醒。

3. 对其他人体机能的损害

噪声会增大人体心血管疾病的发病率，对心脏造成影响，加速心脏衰老，提高心肌梗死等疾病的发病率。噪声还会促使人体肾上腺激素分泌增加，导致血压上升；强烈的噪声会造成血液中的甘油三酯含量升高，对心脏造成冲击。如长期生活在交通枢纽、工业密集区等地的居民，心脏疾病的发病率会比正常生活地区的居民高30%左右。

同时，试验表明长期暴露在噪声环境下会对人的消化系统产生影响。如在高噪声环境中工作的一些人员，其胃溃疡的发病率会高于正常人群。噪声会导致胃肠蠕动减少，造成胃胀气和胃部不适。当噪声停止后胃部蠕动会过量补偿，导致胃部运动过量，引起消化不良，长时间消化不良则会导致胃溃疡。

长期暴露在高噪声的环境中，会使人体出现头晕、头痛、失眠、多梦、全身乏力、记忆力衰减等症状，以及产生恐惧、易怒、自卑等情绪，甚至会导致精神错乱；强烈的噪声可能会使人精神崩溃失常、休克，甚至危及生命。此外，强噪声会刺激内耳腔前庭，使人感到眩晕、恶心、呕吐。

4. 对人心理健康造成的危害

噪声造成人体内激素分泌紊乱，会对人的心理造成影响，使人易怒、激动、失去理智。同时，噪声会导致人机体疲劳，影响精力集中的能力。另外，噪声对人心理的扰乱会造成遮蔽效应，使人不易察觉一些危险信号，容易造成事故。

5. 对人体发育的危害

噪声会影响儿童的智力发育，使儿童坐立不安，注意力不集中，影响儿童心智发育。噪声还会扰乱孕妇内分泌，造成孕妇紧张，引起子宫血管收缩，影响胎儿营养和氧气的供给，影响胎儿发育。同时，噪声还会扰乱影响胎儿生长发育激素的分泌，导致胎儿发育不良。

6. 对物体的危害

高强度噪声会在空间中进行大量能量扩散，而这些能量会导致声场中的物体受到能量损伤。如飞机在高速飞行过程中，产生巨大的音爆，该音爆所含能量巨大，具有一定的破坏力，会对建筑、玻璃等物体造成损坏。在高强度噪声的作用下，噪声不仅会对其他物体造成损害，还会对发声物体本身也造成损伤。

**二、电网运行中噪声环境的种类**

(一) 变电设施的噪声环境

在电网组成部分中变电站设备噪声主要来自于大型设备的运行，如变压器、电抗器、滤波器等运行产生的噪声，以及其运行过程中高电压产生的电晕噪声。其中变压器噪声为主要噪声源。变压器的噪声来源于两个部分，即变压器本体和变压器附属冷却装置。其中本体噪声来源于变压器中的铁芯、绕组、油箱等部件运行时产生的噪声。

因此将变电站的噪声列为变电站主要的环境指标。噪声是人类能够直观感受到的现象，变电站噪声的控制关系到其与附近居民的关系，对附近居民的影响很大，容易成为环境问题投诉的焦点。

1. 变压器噪声

变压器运行过程中会产生两类噪声，即电磁性噪声和机械噪声。电磁性噪声由硅钢片磁性伸缩形变振动和变压器内电磁场中的绕组在电磁力的作用下振动产生，属于低频噪声。机械噪声通常为设备的运转振动和附属冷却设备引起，属于高频噪声。

（1）产生原因。变压器噪声的声源共有三类，即铁芯、绕组和冷却系统。铁芯在运行过程中，组成铁芯的硅钢片在运行的交变磁场作用下，形状会发生细微变化（即磁致伸缩），这样的运动使整个铁芯随电流变化的频率发生振动。绕组在运行过程中因绕组中电流流过产生电磁力。流过的电流越大，电磁力越大。因此其噪声大小受负荷影响大。当变压器的噪声将能量向附近空间扩散时，会发生共振，从而发出更大的噪声。

变压器的冷却系统主要为冷却风扇。冷却风扇运行中会产生空气动力性噪声，壳体、管壁、电动机轴承等机械噪声，以及风机振动造成的变压器壳体振动。因为这些机械振动的频率较高，所以变压器的机械噪声主要为高频噪声。变压器在运行过程中会将其振动通过大地传递到邻近的建筑物或者构件并使其振动，产生"二次噪声"。

（2）影响因素。电磁性噪声主要由交变磁场变化引起，故磁致伸缩的变化周期为电源周期的一半，则电磁性噪声的频率为交流电频率的 2 倍。同时，硅钢片的材质和大小也会对噪声产生影响。硅钢片的材质越好，变形越小，造成的磁致伸缩越小，产生的噪声也越小。如果硅钢片表面涂漆或退火，也会影响硅钢片的伸缩能力。涂漆、退火的硅钢片，形变范围优于普通硅钢片。

变压器的制作工艺如接缝等因素也会影响其产生的噪声。另外，铁芯结构（如芯柱与铁轭的直径、铁心窗高、宽度、质量等）也与噪声的产生有关。

2. 电抗器噪声

电抗器作为变电站中的重要设备可分为两类，一类为空芯电抗器，另一类为铁芯电抗器，电抗器频谱随电抗器类别的变化而变化。一般情况下，因铁芯电抗器具有容量和体积的优势，被广泛运用于目前的大容量超高压输电工程中。

铁芯电抗器的设计参照了变压器的技术，为满足不同的功能需求，铁芯电抗器与变压器也存在很大差异。在部分铁芯电抗器中，铁芯柱分段设计。而在运行中分段的铁芯柱之间在电流的作用下产生相互吸引的磁力，这些磁力的吸引引起振动所产生的噪声超过变压器铁芯因磁致伸缩引起的振动所产生的噪声。故电抗器也成为变电站的噪声源之一，在运行过程中应采取充分的降噪措施，防止铁芯电抗器产生过大的噪声。

3. 站界噪声

在变电站内部产生的变压器噪声和电晕噪声在变电站边界合成，其表现形式为变电站的站界噪声。通常情况下，站界噪声会作为考量一个变电站所产生的噪声对周围环境存在的影响的量。例如 500kV 变电站的站界噪声水平在 40~60dB（A）。

（二）输电线路的噪声环境

输电线路的噪声与工频电磁场和无线电干扰不同，是人可以直接直观感受到的现象，所以输电设施的噪声更为引人关注。但通常只有超高压输电设施才有可能产生人们能够察觉的噪声，产生扰民现象。一般来说，输电线路噪声主要产生的原因是线路表面的电晕放电现象所导致的振动。

1. 输电线路噪声来源

输电线路噪声来源于以下两部分：

（1）运行过程中发出"嗡嗡"声的频率为 100Hz 或其整数倍的纯音。

（2）在特殊天气，如刮风、下雨等天气时，输电线路会产生类似碎裂声的宽带噪声。宽带噪声是输电线路在恶劣天气中，如雨天，水珠会使输电线路电晕强度增强，噪声会增大。一般来讲，雨天时电晕产生的噪声会比晴天时大 15~20dB。为此输电线路在设计时其噪声的限值重点要考虑雨天。输电线路的电晕噪声一般在 500kV 以上线路才会出现。

2. 影响因素

输电线路噪声受两方面影响：一方面是线路的设计结构、施工方式等方面的影响；另一方面是线路运行时的天气及周边环境等外部因素。

第一类影响主要以线路的排列方式、导线的直径、扭绞、相间间距、对地高度和回路数为主。其次，如果导线上有破损或不光滑的凸起，会导致导线局部电位梯度过大而造成持续局部放电。这些问题都与施工过程有关，因此新线路的噪声值通常会大于线路长期运行过后的数值。第一类影响因素可以通过对设计进行优化加以控制，同时该类故障也会随着运行时间变长而变得相对稳定。

第二类因素则不像第一类因素那样可控，天气与周围环境的变化是人类无法控制的，而且第二类因素造成线路噪声变化的范围也大，其决定因素包括大地导电率、大气压力、相对湿度、紫外光辐射强度、风速、雨、雪、雾等自然环境变化的影响。

输电线路主要的电晕噪声主要发生在雨雪等恶劣天气，有时小雨等天气对其影响也很大。但天气恶劣程度直接决定了噪声的大小，如暴雨时产生的电晕噪声最大，但恶劣天气时天气所造成的噪声背景声也极大，使得恶劣天气可允许的电晕噪声比一般的雨天要大得多。因天气因素所导致的噪声产生过程十分复杂，影响因素多，很难从理论上归纳出相应的计算过程，所研究的数据也大多为运行中长期实测数据的统计并通过结合环境变化数据进行分析演绎得到的。

同时导线表面状况不同对输电线路噪声的影响明显，如导线表面涂料、污秽状况、表面处理技术都会对导线表面产生噪声的状况造成影响。

（三）配电系统的噪声环境

随着配电系统随现代化建设越来越接近人们的日常生活，配电系统运行过程中的噪声环境也不得不纳入电网运行环境问题中。配电系统主要分为配电设备和线路两大部分，由于配电线路电压低、电流小，所以配电线路基本无法因运行产生人耳可听的声响，不存在噪声问题。因此配电系统的噪声主要由配电设备产生。

1. 配电系统噪声来源

配电系统能产生噪声的位置如下：

（1）配电变压器的铁芯会因为磁致伸缩而产生振动，发出噪声。

（2）配电变压器绕组在电流的作用下产生电磁力而发生振动，发出噪声。

（3）变压器振动通过大地传导到其他物体上引起共振，发出噪声。

（4）空调、排风系统、变压器冷却器、壳体、其他传动部件的动作也会发出噪声。

2. 配电系统噪声的特点

（1）频率固定，相比变电站产生噪声小，但设备密集，配电系统所处环境复杂，共振现象导致的噪声多。

（2）电路复杂，负荷多变，配电系统受谐波影响大，谐振现象频发，产生噪声突出。

（3）与人接触距离近，噪声要求严格，特别是夜间噪声限值极高。

（4）断路器、隔离开关等传动部件多，动作噪声频繁发生。

**三、电网运行中噪声环境的保护措施及测量方法**

在电网运行的过程中要注重环境保护工作，从每个环节入手，采取有效的预防措施来降低对环境的影响。应严格执行国家环保法律、法规的要求，实现电网运行和周围环境协调发展。

（一）噪声的国家限值、标准

噪声对人群的影响除去噪声在物理上，如强度、频率、持续时间等因素外，还与人群与噪声的接触时间、对噪声的耐受程度有关。因此社会应当对噪声加以控制，但是不能不计成本地将噪声完全消除，要在保护人的健康及人的需求的情况下控制噪声，又要结合经济性和技术条件。为此国家对不同场所和不同时间规定了不同的噪声限值。同时这些规定也是对噪声污染实施行政管理和技术控制的重要依据。

为此，国家颁布了 GB 3096—2008 作为根本的噪声控制标准，并将声环境按区域的使用功能特点进行了下列分区：

（1）0 类声环境功能区。指康复疗养区等特别需要安静的区域。

（2）1 类声环境功能区。指以居民住宅、医疗卫生、文化教育、科研设计、行政办公为主要功能，需要保持安静的区域。

（3）2 类声环境功能区。指以商业金融、集市贸易为主要功能，或者居住、商业、工业混杂，需要维护住宅安静的区域。

（4）3 类声环境功能区。指以工业生产、仓储物流为主要功能，需要防止工业噪声对周围环境产生严重影响的区域。

（5）4 类声环境功能区。指交通干线两侧一定距离之内，需要防止交通噪声对周围环境产生严重影响的区域，包括 4a 类和 4b 类两种类型。4a 类为高速公路、一级公路、二级公路、城市快速路、城市主干路、城市次干路、城市轨道交通（地面段）、内河航道两侧区域；4b 类为铁路干线两侧区域。

同时对各类声环境功能区规定了不同的环境噪声限值，见表 4-12。

表 4-12 环 境 噪 声 限 值 dB（A）

| 声环境功能区类别 | | 时 段 | |
|---|---|---|---|
| | | 昼间 | 夜间 |
| 0 类 | | 50 | 40 |
| 1 类 | | 55 | 45 |
| 2 类 | | 60 | 50 |
| 3 类 | | 65 | 55 |
| 4 类 | 4a 类 | 70 | 55 |
| | 4b 类 | 70 | 60 |

同时，国家制定 GB 12348—2008 规定了工业企业厂界噪声的排放限值。排放限值见表 4-13。

表 4-13 工业企业厂界环境噪声排放限值 dB（A）

| 厂界外声环境功能区类别 | 时 段 | |
|---|---|---|
| | 昼间 | 夜间 |
| 0 | 50 | 40 |
| 1 | 55 | 45 |
| 2 | 60 | 50 |
| 3 | 65 | 55 |
| 4 | 70 | 55 |

夜间频发噪声的最大声级超过限值的幅度不得高于 10dB（A）；夜间偶发噪声的最大声级超过限值的幅度不得高于 15dB（A）。

工业企业若位于未划分声环境功能区的区域，当厂界外有噪声敏感建筑物时，由当地县级以上人民政府参照 GB 3096 和 GB/T 15190 的规定确定厂界外区域的声环境质量要求，并执行相应的厂界环境噪声排放限值。

当厂界与噪声敏感建筑物距离小于 1m 时，厂界环境噪声应在噪声敏感建筑物的室内测量，并将表 4-13 中相应的限值减 10dB（A）作为评价依据。

而对于电网运行，电力行业制定了《电力行业劳动环境监测技术规范 第 3 部分：生产性噪声监测》（DL/T 799.3—2010），对电网的噪声环境进行了规定。

按照 DL/T 799.3—2010 的规定，噪声职业接触限值为：每周工作 5 天，每天工作 8h，稳态噪声限值为 85dB（A），非稳态噪声等效声级的限值为 85dB（A）；每周工作 5 天，每天工作时间不等于 8h，需计算 8h 等效声级，限值为 85dB（A）；每周工作不是 5 天，需计算 40h 等效声级，限值为 85dB（A）。

脉冲噪声职业接触限值见表4-14。

表4-14 工作场所脉冲噪声职业接触限值 dB（A）

| 工作日接触脉冲次数 $n$ 次 | 声级峰值 |
|---|---|
| $N \leq 100$ | 140 |
| $100 < n \leq 1000$ | 130 |
| $1000 < n \leq 10\,000$ | 120 |

非噪声工作地点噪声声级要求见表4-15。

表4-15 工作场所脉冲噪声职业接触限值 dB（A）

| 地点名称 | 噪声声级 | 工效限值 |
|---|---|---|
| 噪声车间观察（值班）室 | ≤75 | |
| 非噪声车间办公室、会议室 | ≤60 | ≤55 |
| 主控室、精密加工室 | ≤70 | |

（二）电网噪声测量方法

1. 测量仪器

测量仪器为积分平均声级计或环境噪声自动监测仪，其性能应不低于《电声学 声级计》（GB 3785）和《积分平均声级计》（GB/T 17181）对2型仪器的要求。测量35dB以下的噪声应使用1型声级计，且测量范围应满足所测量噪声的需要。校准所用仪器应符合《电声学声校准器》（GB/T 15173）对1级或2级声校准器的要求。当需要进行噪声的频谱分析时，仪器性能应符合《电声学 倍频程和分数倍频程滤波器》（GB/T 3241）中对滤波器的要求。测量仪器和校准仪器应定期检定合格，并在有效使用期限内使用；每次测量前、后必须在测量现场进行声学校准，其前、后校准示值偏差不得大于0.5dB，否则测量结果无效。测量时传声器加防风罩。测量仪器时间计权特性设为"F"挡，采样时间间隔不大于1s。

2. 测量条件

（1）气象条件。测量应在无雨雪、无雷电天气，风速为5m/s以下时进行。不得不在特殊气象条件下测量时，应采取必要措施保证测量的准确性，同时注明当时所采取的措施及气象情况。

（2）测量工况。测量应在被测声源正常工作时间进行，同时注明当时的工况。

3. 测点位置

根据工业企业声源、周围噪声敏感建筑物的布局，以及毗邻的区域类别，在工业企业厂界布设多个测点，其中包括距噪声敏感建筑物较近，以及受被测声源影响大的位置。

一般情况下，测点选在工业企业厂界外1m、高度为1.2m以上、距任一反射面距离不小于1m的位置。

当厂界有围墙且周围有受影响的噪声敏感建筑物时，测点应选在厂界外 1m、高于围墙 0.5m 以上的位置。当厂界无法测量到声源的实际排放状况时（如声源位于高空、厂界设有声屏障等），同时在受影响的噪声敏感建筑物户外 1m 处另设测点。

室内噪声测量时，室内测量点位设在距任一反射面至少 0.5m 以上、距地面 1.2m 高度处，在受噪声影响方向的窗户开启状态下测量。

固定设备结构传声至噪声敏感建筑物室内，在噪声敏感建筑物室内测量时，测点应距任一反射面至少 0.5m 以上、距地面 1.2m、距外窗 1m 以上，在窗户关闭状态下测量。被测房间内的其他可能干扰测量的声源（如电视机、空调机、排气扇，以及镇流器较响的日光灯、运转时出声的时钟等）应关闭。

4. 测量时段

分别在昼间、夜间两个时段测量。夜间有频发、偶发噪声影响时同时测量最大声级。被测声源是稳态噪声，则采用 1min 的等效声级；被测声源是非稳态噪声，则测量被测声源有代表性时段的等效声级，必要时测量被测声源整个正常工作时段的等效声级。

5. 背景噪声测量

（1）测量环境。不受被测声源影响且其他声环境与测量被测声源时保持一致。

（2）测量时段。与被测声源测量的时间长度相同。

6. 测量记录

噪声测量时需做测量记录。记录内容应主要包括：被测量单位名称、地址、厂界所处声环境功能区类别、测量时气象条件、测量仪器、校准仪器、测点位置、测量时间、测量时段、仪器校准值（测前、测后）、主要声源、测量工况、示意图（厂界、声源、噪声敏感建筑物、测点等位置）、噪声测量值、背景值、测量人员、校对人、审核人等相关信息。

7. 测量结果修正

噪声测量值与背景噪声值相差大于 10dB（A）时，噪声测量值不做修正。

噪声测量值与背景噪声值相差在 3～10dB（A）之间时，噪声测量值与背景噪声值的差值取整后，按表 4-16 进行修正。

表 4-16　　　　　　　　　　测 量 结 果 修 正 表　　　　　　　　　　dB（A）

| 差值 | 3 | 4～5 | 6～10 |
|---|---|---|---|
| 修正值 | -3 | -2 | -1 |

噪声测量值与背景噪声值相差小于 3dB（A）时，应采取措施降低背景噪声后进行修正。仍无法满足要求的，应按环境噪声监测技术规范的有关规定执行。

8. 测量结果评价

各个测点的测量结果应单独评价。同一测点每天的测量结果按昼间、夜间进行评价，

之后采用最大声级 $L_{max}$ 直接评价。

9. 噪声测量实例

（1）监测方法。应遵循《工业企业厂界环境噪声排放标准》（GB 12348—2008）和《声环境质量标准》（GB 3096—2008）的要求。

（2）监测布点。

1）变电站噪声布点。

a. 某 220kV 变电站每边各布设 2 个监测点位，昼、夜间各监测一次。

b. 测点一般选在站界外 1m、高度在 1.2m 以上、距任意反射面距离不小于 1m 的位置。

c. 变电站四周围墙外 100m 范围内，选取每侧距变电站或主变压器最近的敏感建筑进行噪声监测。

d. 当厂界有围墙且周围有受影响的噪声敏感建筑物时，测点应选在厂界外 1m、高于围墙 0.5m 以上的位置。

2）线路噪声布点。选取线路环境敏感目标附近进行噪声监测，昼、夜间各监测一次。

（3）监测环境见表 4-17。

表 4-17 各工程监测时气象条件一览表

| 监测时间 | 天气情况 | 温度（℃） | 湿度（%RH） | 风速（m/s） |
| --- | --- | --- | --- | --- |
| 2016 年 7 月 26 日 | 晴 | 34~38 | 60~68 | 0.5~1.0 |
| 2016 年 7 月 27 日 | 晴 | 35~39 | 62~69 | 0.5~1.2 |
| 2016 年 7 月 28 日 | 晴 | 34~37 | 60~67 | 0.2~1.4 |

（4）监测仪器采用 AWA6228 声级计；仪器编号为 108744；检定有效期为 2015 年 10 月 22 日~2016 年 10 月 21 日；测量范围为 33~130dB（A）；频率范围为 10Hz~20.0kHz。

（5）监测工况见表 4-18。

表 4-18 监测时工况负荷情况一览表

| 序号 | 工程名称 | 项目组成 | 有功（MW） | 电压（kV） | 电流（A） |
| --- | --- | --- | --- | --- | --- |
| 1 | 某 220kV 输变电工程 | 1 号主变压器 | 23.5~32.4 | 222.3~229.6 | 56.9~75.4 |
| 2 | | 220kV，S 到 B，2V19 线 | — | 222.7~228.7 | 55.7~69.8 |
| 3 | | 220kV，S 到 B，2V10 线 | — | 223.4~227.9 | 56.8~70.2 |
| 4 | | 110kV，B 到 D，4C4 线 | — | 112.3~116.5 | 34.6~59.8 |
| 5 | | 110kV，B 到 D，4C7 线 | — | 111.9~119.8 | 42.3~60.3 |

（6）监测结果。某 220kV 输变电工程噪声监测结果见表 4-19。

表 4-19　　　　　　　　　　　　　　某 220kV 变电站噪声监测结果　　　　　　　　　　　dB（A）

| 序号 | 点位描述 | 昼间 | 夜间 | 噪声限值执行标准（昼/夜） |
|------|----------|------|------|------|
| 1 | 变电站东侧围墙外 1m 北端 | 49.6 | 44.9 | |
| 2 | 变电站东侧围墙外 1m 南端 | 48.2 | 45.3 | |
| 3 | 变电站南侧围墙外 1m 东端 | 49.0 | 44.9 | |
| 4 | 变电站南侧围墙外 1m 中端 | 49.5 | 45.0 | |
| 5 | 变电站西侧围墙外 1m 南端 | 49.8 | 45.2 | 60/50 |
| 6 | 变电站西侧围墙外 1m 北端 | 49.1 | 44.7 | |
| 7 | 变电站北侧围墙外 1m 西端 | 50.2 | 45.0 | |
| 8 | 变电站北侧围墙外 1m 东端 | 50.6 | 45.5 | |
| 9 | 变电站西南侧 25m 某村某家西侧 | 48.9 | 44.7 | |
| 10 | 变电站东侧 65m 某村某家西侧 | 48.2 | 43.2 | |

监测结果表明，某 220kV 变电站厂界昼间噪声为 48.2~50.6dB（A），夜间噪声为 44.7~45.5dB（A）。变电站周围敏感目标测点处昼间噪声为 48.2~48.9dB（A），夜间噪声为 43.2~44.7dB（A）。

S 到 T π 入 B 变电站 220kV 线路沿线敏感目标处噪声监测结果见表 4-20。

表 4-20　　　　　　　S 到 T π 入 B 变电站 220kV 线路沿线敏感目标处噪声监测结果　　　　dB（A）

| 测点序号 | 测点位置 | | 测量结果 | |
|------|------|------|------|------|
| | | | 昼间 | 夜间 |
| 1 | 1~2 号 | S 村 H 家北侧 | 47.9 | 43.0 |
| 2 | 26~27 号 | H 村某家民房大门前 | 47.1 | 42.6 |

监测结果表明，S 到 T π 入 B 变电站 220kV 线路沿线敏感目标测点处昼间噪声为 47.1~47.9dB（A）、夜间噪声为 42.6~43.0dB（A）。

（7）结果分析。

该批验收各变电站厂界排放噪声满足 GB 12348—2008 的规定；厂界外环境噪声满足 GB 3096—2008 的规定。

该批验收各输电线路周围敏感目标测点处噪声能够满足 GB 3096—2008 的限值要求。

（三）噪声控制措施

1. 变电站噪声控制

变电站噪声指标已成为变电站设计的重要技术经济指标。在广大城乡地区，变电站建设型式以户外型为主，变电站及设备噪声控制就显得尤为重要。

在变电站噪声治理方面，降噪措施主要有变压器噪声治理、吸声、声屏障隔声、设备隔振、声调控和有源消声等方式。

变压器噪声治理包含本体及冷却系统噪声。减低本体噪声的主要方法有：选用低噪声设备，在制造阶段选用高导磁硅钢片，降低铁芯的磁滞伸缩，在铁芯表面涂加环氧漆等方式来降低铁心产生的电磁噪声。

降低变压器冷却系统噪声的方法有：尽量选择自冷式散热变压器，或者选用无噪声风扇或加装消声弯头等方式降低冷却系统噪声。

吸声技术主要用于变电站建筑物内噪声的治理，通过在建筑物内各个墙面加装具有高吸声系数的吸声材料，增加室内整体吸声量，从而达到降低室内噪声的目的，但该法容易存在室内散热问题。

隔声技术主要用于室外噪声的处理，根据变电站内设备噪声的频谱特性、声级大小、声音分布位置等因素，从声音传播途径上入手设置隔声屏，或者利用隔声间封闭变压器本体来达到降噪的目的。隔声技术是目前最为经济且有效的变电站降噪措施。

隔振降噪技术主要用于治理由于地下站内变压器产生的低频结构噪声。通过在变压器与底座之间加装隔振装置，减少变压器通过建筑物楼梯结构传递的噪声。隔振装置可以通过内部加装不同固有频率的弹簧，在一定程度上改变变压器的噪声频谱特性。但该方法需要停电施工，并且抬升变压器高度后容易造成顶端安全带电距离不够的问题。

声调控法主要通过叠加一系列不同频率不同响度的其他噪声，来改变原有噪声的频谱结构。该方法不以降低 $L$ 声级为主要目的，但可以在一定程度上改善噪声对人体的主观影响。Genell 研究发现适合的频谱平衡可以对主观烦恼度起到积极作用，并且人们对风声、水流声一类的自然声比较偏爱，因此可以通过叠加自然声的方式来达到减少噪声对人体的影响。

有源消声法是通过在变压器周围设置多个声发生器，声发生器发出的声音与变压器所发出的声音频率相同，相位相反，传播方向相反，在传播过程中相互抵消，从而达到降噪的目的。但该方法在变电站噪声治理的实际应用上仍存在较多问题。目前有源消声法主要用于管道消声。

在实际的变电站降噪工程中，应结合具体的变电站噪声特性、变电站平面布置情况及周围声环境要求，综合多种降噪措施，来达到降低变电站噪声的目的。

2. 输电线路噪声控制

根据实际情况，以下措施可以降低输电线路的噪声，交流直流输电线路噪声控制措施基本相同。

（1）采用对称分布子导线的输电线路，应适当增加分列数、增大导线截面、控制分裂导线间距，来减小导线表面电场强度，以此可以降低线路噪声水平。

（2）采用对称分布子导线的输电线路，可采取增设附加一根子导线的方法，可以减少各导线表面电荷分布，从而减小表面磁场强度，减小线路噪声。

（3）采用非对称分布的输电线路，要使电荷均匀分布在每相子导线，减小导线表面产生的电场，从而减小噪声。

（4）可以使用表面结构特殊的导线，如外层采用梯形或者 Z 形结构的导线，使导线表面光滑，降低电晕的发生，可降低可听噪声。

（5）使用导热性好、抗老化性能强的亲水材料，可以降低输电线路在恶劣天气中电晕放电的产生，从而降低噪声产生。

3. 配电系统噪声控制

配电系统设备小、电压低，外加配电线路基本不产生噪声污染，所以噪声防控主要集中在设备设施上。

（1）在设计环节上多方位考虑配电设施的降噪设计，从门窗设置到使用吸音材料、设置隔音设施等手段，进行噪声控制。

（2）在设施设备安装施工阶段，进行质量把控，减少因安装螺栓不紧、安装缝隙不达标等引起的振动增大，从而达到噪声控制。

（3）在设备安装时，对设备进行降噪改良，如在设备与固定支架间加装减震橡胶等手段，减少设备共振，从而降低噪声产生。

（4）在设备连接中多采用柔性连接，减少设备间振动的传递，降低共振发生率，从而减少噪声的产生。

（5）在用户端加装反谐波装置，降低整个配网系统谐波的发生，降低整个系统的谐振产生，从而降低噪声。

（6）合理分配负荷，合理安排配网设备设置，保证将配网设备的负荷率控制在 75% 以下，防止配网设备在过负荷的情况下运行产生大量噪声。

# 第五章

# 电磁环境、噪声现场监测仪器

根据仪器接收天线的适用频段，电磁环境监测中使用的仪器可分为工频（低频）类、射频类和直流类三种类型的仪器。由于输变电线路和变电站产生的是工频电场、工频磁场，本章将重点讲述工频（低频）类仪器。这三类仪器既可用于电磁设施监测，也可以用于一般电磁环境质量监测。

## 第一节 电场强度、磁场测量原理

现场监测仪器通过配置不同频段的探头，可以实现对不同电磁辐射体的监测。尽管探头种类繁多，但从其监测参数来看，仅有电场和磁场之分。具有各向同性响应的宽频带电场强度测量仪属于非选频式电场强度测量仪（如综合场强仪）。只选择某些频率进行测量，只让很小频率范围的信号进来，滤除其余频率信号的测量仪属于选频式电磁测量仪（如场强干扰仪、频谱仪）。

### 一、电场强度测量原理

（一）电容法电场强度测量原理

最常用测量电场的方式是电容法。将双电极（偶极子/天线）元件放置在电场内，测量电极产生的介电电流。对于不同的应用可采用不同的电极，将平行板电容放入交变电场中，会产生一个交变电压信号。由于其尺寸远小于低频信号的波长，因此可以看成是一个电容偶极子。其工作的原理可以等价为以下回路，包含电流源或电压源、平行板电容、串联电阻。电场测量原理见图 5-1。

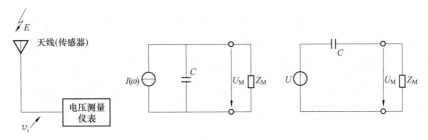

图 5-1 电场测量原理

交变电流 $I$ 从电流源流出，经过放入电场内的感应器。介电电流可以通过对单个极板表面电场强度进行积分得出，即

$$I = j\omega\varepsilon \int_A \vec{E} d\vec{A}$$

式中　$A$——电极有效面积，$m^2$。

如果计算出随介电电流回路变化的被测电压，以及后续测量回路的输入电容 $C_m$，就能得出电场强度与测量电压之间的关系，只要频率在规定的最低限制频率以上即可。计算式为

$$U_M = \frac{\varepsilon \int_A \vec{E} d\vec{A}}{C + C_M}$$

空间的辐射电磁场经天线接收，将电磁场转换为交变电压，并将该电压输入到电压测量仪表进行电压测量。天线或其他类型传感器的基本作用是将电磁场转换为电压。只要知道从场（$E$）到电压（$V$）的转换系数，就可以根据测得的电压得知电磁场强度的数值。因而电磁辐射测量仪表由天线及电压表两部分组成。

当电压测量仪表测出其入端电压 $V$（dB）后，只要知道天线校准系数 $A_F$（dB），即可得知 $E$ 的数值。

电压表分为窄带（选频式）及宽带两种类型。因而电磁辐射测量也分为窄带（选频式）辐射测量仪和宽带辐射测量仪。对应于这两种类型，天线或传感器也有宽带与窄带之分。一般来说，选频式表具有较高的灵敏度，而宽带式表灵敏度较低，但能承受较强的电磁辐射场强测量。

实际上，由于测量电磁辐射时，除通信、广播、导航等发射设备外，绝大部分电磁辐射都是宽带电磁噪声（包括连续或脉冲）。因而一般电压表无法测量宽带电磁噪声，而应使用测量接收机或频谱分析仪。这两种仪器实际上都是电压测量仪表，并均工作于选频方式。

（二）宽频带场强仪测量原理（射频）

1. 偶极子和检波二极管组成探头

宽频带场强仪由三个正交的 $2\sim10cm$ 长的偶极子天线、端接肖特基检波二极管、RC滤波器组成。检波后的直流电流经高阻传输线或光缆送入数据处理和显示电路。当偶极子直径 $D$ 小于或等于偶极子长度 $h$ 时，偶极子互耦可忽略不计，由于偶极子相互正交，所以将不依赖场的极化方向。探头尺寸很小，对场的扰动也小，能分辨场的细微变化。偶极子等效电容 $C_A$、电感 $L_A$ 根据双锥天线理论可求得

$$C_A = \frac{\pi\varepsilon_0 L}{\ln\dfrac{L}{a} + \dfrac{S}{2L} - 1}$$

$$L_A = \frac{\mu_0 L}{3\pi}\left(\ln\frac{2L}{a} - \frac{11}{b}\right)$$

式中　$a$——天线半径，m；

　　　$b$——环半径，m；

　　　$S$——偶极子截面积，$m^2$；

　　　$L$——偶极子实际长度，m。

由于偶极子天线阻抗呈容性，所以输出电压是频率的函数，即

$$V = \frac{L}{2}\frac{\omega C_A R_L}{\sqrt{1 + \omega^2(C_A + C_L)^2 R_L^2}}$$

式中　$\omega$——角频率，rad/s；

　　　$f$——频率，Hz；

　　　$C_L$——天线缝隙电容和负载电容，F；

　　　$R_L$——负载电阻，$\Omega$。

由于 $C_A$ 和 $C_L$ 基本不变，所以只要提高 $R_L$ 就可使频响大为改善，使输出电压不受场源频率影响，因此必须采用高阻传输线。

当三副正交偶极子组成探头时，它可以分别接收 $x$、$y$、$z$ 三个方向场分量，经理论分析可得出

$$U_{dc} = C|K_e|^2\left[|E_x(r\omega)|^2 + |E_y(r\omega)|^2 + |E_z(r\omega)|^2\right]$$
$$= C|K_e|^2|\bar{E}(r\omega)|^2$$

式中　　　$C$——检波器引入的常数；

　　　　　$K_e$——偶极子与高频感应电压间比例系数；

$E_x$、$E_y$、$E_z$——$x$、$y$、$z$ 方向的电场分量，V/m；

　　　　　$E$——待测场的电场矢量，V/m。

上式为待测场的厄米特幅度（Hermitian）。可见用端接平方律特性二极管的三维正交偶极子天线总的直流输出正比于待测场的平方，而功率密度亦正比于待测场的平方，因此经过校准后，$U_{dc}$ 的值就等于待测电场的功率密度。如果电路中引入开平方电路，那么 $U_{dc}$ 值就等于待测电场强度值。

2. 热电偶型探头

采用三条相互垂直的热电偶结点阵作为电场测量探头，提供与热电偶元件切线方向场强平方成正比的直流输出，即

$$E = \sqrt{E_x^2 + E_y^2 + E_z^2}$$

沿热电偶元件直线方向分布的热电偶结点阵，保证了探头有极宽的频带。沿 $x$、$y$、$z$ 三个方向分布的热电偶元件的最大尺寸应小于最高工作频率的 1/4，以避免产生谐振。

**二、工频磁场测量原理**

通过法拉第电磁感应定律来实现磁场测量是该类仪器的工作原理，环天线中有固定匝

数的线圈，线圈磁通量变化时线圈中产生感应电动势，而待测磁场与感应电动势成正比，可通过测量线圈中的感应电动势来测定空间某点的磁场强度。

低频磁场测量采用一个基于感应线圈的感应器，其原理可适用于测量 5Hz~30kHz 频段内的交变磁场。感应定律表明当有变化的磁场穿过一个闭合的导电环时，会产生感应电压，即

$$\oint_s \vec{E}\mathrm{d}\vec{s} = -\iint_{(A)} \dot{B}_n \mathrm{d}(A)$$

由于只有在磁场变化时才会产生电压，所以基于感应原理的感应器只能用于检测变化的磁场，对于恒定磁场的测量必须使用其他原理。接下来只讨论使用感应线圈对变化的磁场进行测量的问题。磁场垂直穿过线圈产生的感应电压 $U_{ind}$ 可依据下式计算，即

$$U_{ind} = n2\pi fBA$$

式中　$n$——线圈匝数；

　　　$f$——频率，Hz；

　　　$B$——感应磁场，T；

　　　$A$——线圈横断面积，$m^2$。

如果线圈末端是高阻抗的，则磁场强度可以通过直接测量感应电压得出，即

$$B = \frac{U_{ind}}{n2\pi fA}$$

如上式所示，感应电压取决于磁感应强度和频率。为了减小频率变化对感应电压测量的影响，需选择合适的积分器来弥补频率响应的不足（弥补越好，频率对于测量精度的影响就越小）。为了最大限度从放大极隔离出感应电压，要求感应线圈是高阻抗连接的，但这会使得筛选出干扰信号更加困难。

测量结果的精度很大部分取决于线圈和被测场之间的角度。如果磁场方向正好垂直线圈，则测量结果肯定是准确的。在实践时，意味着每一次正确的测量都需要转动线圈，直到获得最大的感应电压，此时的感应线圈正好处在垂直于场强矢量的测量角度。

这种一维的测试系统基于仪器的摆放角度，因此存在潜在的误差。

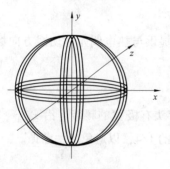

图 5-2　三维正交偶极子

### 三、全向宽频带电场强度测量仪

#### （一）全向宽带场强仪的原理及组成

全向宽带场强仪由宽带各向同性测量探头和显示表体两部分组成。宽带各向同性测量探头是全向宽带场强仪系统的关键部分，即测量探头的技术性能直接决定着整个仪器的主要技术指示。作为接收电场信号的宽带各向同性探头，由三个相互正交的偶极子、零偏压二极管、高阻传输线、外包壳和手柄等组成。三维正交偶极子见图 5-2。

空间某点任何一个方向的电场都可以分解为三个相互正交的电场分量；反之，当得知某点处三个相互正交的电场分量时，也可以把它们矢量相加，从而确定该点的总场强。这种三维正交的偶极子阵构成的各向同性天线，实际上是非线性加载的偶极子天线。这种偶极子构成的各向同性探头具有宽带特性。目前，采用更先进设计的探头，频率覆盖范围可达 18GHz。

探头输出的电压与场强平方成正比，考虑到使用时直接读取场强 V/m 值比较方便，经过线性放大了的主放大器输出信号先进入平方根电路进行开平方运算，然后再经过均位电路或峰值保持电路，最后在表头上显示出测量结果（峰值保持适用于快变信号的测量）。

全向探头同时检测三个方向的场值。电场和磁场都是矢量场，它们在空间的任意点都有确定的场强大小和方向，既可以是稳定场，也可以随时间变化。为了调查特定点位的场值，最好的方式是分别测出三个正交场分量（相对时间内）的幅度和相位。磁场强度定义为

$$H_e = \sqrt{H_x^2 + H_y^2 + H_z^2}$$

一个理想的感应器将场分量划分到直角坐标系下，其方向可随感应器的位置而定。对于全向感应器，只需要给出等价场强校正值，而不用考虑其相对于场强的方向。这种磁场探头主要由三个相互正交的感应线圈组成，每个线圈占有相同的有效面积。与单向感应器的场测量相比，全向测量不需要精确调整感应器的方向，但是其精确度会受到各向同性误差的影响。各向同性误差会导致探头旋转时出现不同的值。各向同性误差是由于三个感应线圈相对位置的机械误差造成的，无法通过后期修正。

（二）全向宽带场强仪主要误差源

1. 频率响应

频率响应误差主要来源于测量探头，由于受偶极子频响特性和检波二极管特性的限制，探头以至整个仪器的频响应只可能在某一频率范围内较为平坦，且存在一定误差。

2. 各向同性

各向同性度是表征测量探头对各种极化和入射方向电磁场响应的重要技术指标。由于传输馈线及电路元件引入的影响、各检波器的差异、各偶极子特性的差异及偶极子安装位置的偏离等，使得测量探头偏离各向同性。

3. 线性

线性误差既衡量了在被测场强改变时整个仪器（包括测量探头）线性工作状态的优劣，也反映了该仪器的场强校准误差，亦即测量精度。

4. 温度

当环境温度变化时，探头对场强的响应将发生变化，有试验表明，这种变化又随着频率的增高而减小。

**四、直流合成场强测量原理**

由于直流合成场强的特殊性，所以直流合成场强的测量必须使用能测出直流合成场强

的大小和极性、具有自动记录功能的直流场强仪进行测量。用于测量直流合成电场的场强测量仪传感器有快门型、圆筒型和振板型等，目前国内通用的是快门型。

快门型电场测试仪（又称场磨）传感器的结构如图 5-3 所示。其探头由两个同轴安装的圆形扇片构成，上扇片随轴由电动机驱动转动，下扇片固定不动。

设场磨位于均匀恒定的电场 $E$ 中，电动机带动旋转快门（或称为动磨片）作定速旋转，下部感应电极（或称为静磨片）暴露于电场 $E$ 的面积呈周期性变化。当静磨片暴露于电场时，为了维持其地面电位，磨片上会积聚相应的电荷，当电场 $E$ 指向地面时积聚负电荷，当电场 $E$ 指向上空时积聚正电荷。当静片被动片遮蔽时，其上的电荷会流散于地中。电荷的积聚和流散都是通过电阻 $R$ 进行的，通过测量 $R$ 上的压降即可测得其所在位置的电场强度。

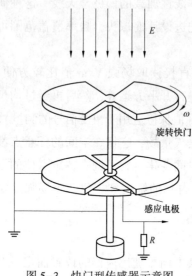

图 5-3　快门型传感器示意图

积聚的电荷量的计算式为

$$q_s(t) = \varepsilon_0 E A(t)$$

$$\varepsilon_0 = \frac{1}{36\pi} \times 10^{-9}$$

式中　$q_s(t)$——静片上随时间而变化的电荷量，C；

　　　$\varepsilon_0$——真空的介电系数，F/m；

　　　$E$——所测点的电场强度，V/m；

　　　$A(t)$——静片暴露于电场下随时间而变化的面积，$m^2$。

与 $q_s(t)$ 相应的电流为

$$i_s(t) = \frac{dq_s(t)}{dt} = \varepsilon_0 E \frac{d}{dt}A(t)$$

上式即设计场磨传感器物理尺寸、放大器倍数的基本依据。

## 第二节　工频（低频）电场、磁场监测仪器

### 一、仪器适用范围

工频电、磁场监测仪器在输变电设施的监测中大量使用，同时在监测一般环境现状值时也广泛适用。该类仪器并不是只能测试工频电、磁场，大多数工频电、磁场监测仪器的探头仍然是宽频带场强计，其探头频率范围使得其可以对一些低频段设备进行测试。

## 二、仪器的构成及特点

工频电、磁场监测仪器主要由读数表头、接收天线和连接光纤构成。使用连接光纤可使天线与读数表头保持一定距离，避免监测人员离天线过近从而对场强大小（特别是电场强度）造成影响。

该类仪器根据接收天线的不同分为全向和单方向两种。由于空间某点任何一个方向的电场都可以分解为三个相互正交的场分量，所以通过三个正交的短偶极子（环）天线可以同时测量三个相互正交的电（磁）场分量，从而得到该点电（磁）场强度。单方向性天线则需要调整探头方向来测量不同方向的电（磁）场值。目前全向天线使用较多，见图 5-4～图 5-6。

图 5-4 常用全向探头

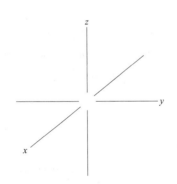

图 5-5 全向探头接收天线构架（电场）

图 5-6 单方向天线测量场垂直分量

## 三、常用仪器

目前在辐射环境监测系统中常用的工频电、磁场仪器及其接收天线的性能指标见表 5-1。

表 5-1　　　　　　　　　常用工频电、磁场监测仪器接收天线性能

| 型号 | 接收天线性能 | | | 常用监测对象 |
|---|---|---|---|---|
| | 探头频段 | 监测范围 | 方向性 | |
| PMM8053/EHP50C | 5～100kHz | 电场强度：0.01V/m～100kV/m<br>磁感应强度：1nT～10mT | 全向 | 一般环境、输变电设施 |

| 型号 | 接收天线性能 | | | 常用监测对象 |
| --- | --- | --- | --- | --- |
| | 探头频段 | 监测范围 | 方向性 | |
| NBM550/EHP50D | 5~100kHz | 电场强度：5mV/m~100kV/m<br>磁感应强度：0.3nT~10mT | 全向 | 一般环境、输变电设施 |
| EFA300 | 5Hz~32kHz | 电场强度：0.14V/m~100kV/m<br>磁感应强度：25nT~35mT | 全向 | 一般环境、输变电设施 |
| HI3604 | 50Hz/60Hz | 电场强度：1~199V/m<br>磁感应强度：1nT~2mT | 单方向 | 一般环境、输变电设施 |

由表 5-1 可知，PMM、NBM 和 EFA 探头包含的频段范围较宽，可以实现除输变电设施外其他一些低频设备的监测，适用范围更广；HI3604 则频点固定，针对性较强。

## 第三节　直流输变电项目监测仪器

直流输变电工程输电能力强、损耗小，近年来得到国家大力发展。直流项目产生的场均为静态场，即频率为 0。直流输变电项目主要监测指标为直流合成场强和离子流密度两项，每个指标都有专用监测仪器。

### 一、直流合成场监测仪器的构成及特点

直流合成场强监测仪主要包括监测探头、接地装置和数据自动采集装置。

用于监测直流合成电场的场强监测仪传感器有快门型、圆筒型和振板型等，目前国内通用的是快门型。快门型电场测试仪（又称场磨）传感器的结构如图 5-3 所示。

### 二、离子流密度监测仪器构成

离子流密度监测仪主要包括电流表、威尔逊平板和数据自动采集装置。较为常用的监测方式是将威尔逊板对地绝缘，并连接一个能测微弱电流的接地电流表。通过监测绝缘的威尔逊板截获的离子流产生的电流，计算出离子流密度。威尔逊平板和测微弱电流的纳安计见图 5-7 和图 5-8。

图 5-7　威尔逊平板

图 5-8　纳安计

### 三、常用仪器

直流输变电项目常用仪器见表 5-2。

表 5-2 直流输变电项目常用仪器

| 仪器类型 | 监测范围 |
|---|---|
| 直流合成场强监测仪器 | 视场磨量程而定 |
| 离子流密度监测仪器 | 视纳安计量程而定 |

## 第四节 辅助监测仪器

在电磁环境监测中，还需要一些辅助监测仪器的配合才能更好地反映出外环境的情况。使用频率较高的仪器有测距仪、温湿度计及定位设备。

### 一、测距仪的选用

工频电场、工频磁场、射频电磁场及静态场都会随距源的距离变化而变化，距离电磁辐射体距离不同，测值也不同。给出测点位置与电磁辐射体的距离关系，有利于对数据的解释。因此，测距仪在对电磁辐射体的监测中大量使用。

绝大多数测距仪都是给出直线距离读数，但单一的直线距离对测点与电磁辐射源位置关系的反映并不全面。

以最常见的基站和输电线路监测为例，一个测点较为全面的距离关系需要以下数据支撑：

（1）基站。天线的架设高度、测点与天线的水平直线距离、测点与天线的相对高差。

（2）输电线路。线路架设高度、测点与线路地面投影的水平直线距离、测点与线路的相对高差。

不难看出，在一次监测过程中点位越多，需要测量的高度、水平距离越多。选用一款包含直线模式、水平距离模式、高度模式的测距仪可以直接测出相应模式下的值，大大节约测量时间。

### 二、温湿度计的选用

温湿度计只需使用检定合格的设备即可。温度计主要用作判断监测现场的气温是否满足仪器工作温度要求；对监测湿度有要求的测量项目，则需要湿度计的测值来作为能否开展监测的判断依据。

### 三、定位设备的选用

定位设备主要有指南针和 GPS 两类。指南针操作简便，利用地磁可以快速判断测点的大致方位，在绘制现场监测图时使用较多；GPS 利用卫星定位测点，能够获得较为精确的经纬度，在一些需要精确定位的监测中使用（如对一个区域实施网格电磁环境调查时）。

# 第五节 噪声测量原理

声级计是一种对声音进行测量和分析的仪器，一般由传声器、放大器、衰减器、计权网络、检波器及指示器组成。

（1）传声器。将声信号（声压）转化为电信号（电压）的换能元件，可分为晶体传声器、电动式传声器和驻极体传声器等。电容式传声器具有动态范围宽、频率响应平直、灵敏度变化小、稳定性强等优点，多用于精密声级计和标准声级计中。

（2）放大器。将比较弱的电信号放大。声级计上使用的放大器，要求具有较高的输入阻抗和较低的输出阻抗，有合理的动态范围、较小的线性失真和满足需要的频率范围。放大器包括输入放大器和输出放大器。

（3）衰减器。声级计的量程范围一般为 25~130dB，检波器和模拟式指示器没有这么宽的量程范围，通常使用衰减器将强信号做衰减，以避免放大器过载。衰减器分为输入衰减器和输出衰减器。为了提高信噪比，输入衰减器位于输入放大器之前，输出衰减器接在输入放大器和输出放大器之间。为了提高信噪比，一般测量时应将输出衰减器调至最大衰减挡，在输入放大器不过载的前提下，将输入衰减器调至最小衰减挡，使输入信号与输入放大器的电噪声有尽可能大的差值。

（4）计权网络。按 IEC 的规定，选取接近人耳对声音频率响应的几条曲线，设计了A、B、C、D 四种标准的计权网络。A 计权网络频响曲线大约相当于 40phon（响度单位）等响曲线的倒置曲线，从而使电信号的中、低频段有较大的衰减，高频段也有一定程度的衰减；B 计权网络约相当于 70phon 等响曲线的倒置曲线，使电信号以低频段为主做一定的衰减；C 计权网络相当于 100phon 等响曲线的倒置曲线，在整个声频范围内有近乎平直的响应，与人耳对高频声的响应近似相当。由 A、B、C、D 计权网络测得的读数称为声级，声级是经过频率计权之后的声压级，应注意与声压级相区别。

A 计权的频率响应与人耳对宽范围频率声音的灵敏度相适应，因此在实际测量中应用最普遍。D 计权网络常用于测量航空噪声。

目前，测量噪声用的声级计，表头响应按灵敏度可分为下列四种：

（1）"慢"。表头时间常数为 1000ms，一般用于测量稳态噪声，测得的数值为有效值。

（2）"快"。表头时间常数为 125ms，一般用于测量波动较大的不稳态噪声和交通运输噪声等。快挡接近人耳对声音的反应。

（3）"脉冲或脉冲保持"。表针上升时间为 35ms，用于测量持续时间较长的脉冲噪声，如冲床、按锤等，测得的数值为最大有效值。

（4）"峰值保持"。表针上升时间小于 20ms，用于测量持续时间很短的脉冲声，如爆炸声，测得的数值是峰值，即最大值。

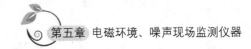

　　声级计可以外接滤波器和记录仪，对噪声做频谱分析。国产的 ND2 型精密声级计内装有一个倍频程滤波器，便于携带到现场和作频谱分析。

　　声级计按精度可分为精密声级计和普通声级计。精密声级计的测量误差约为 ±1dB，普通声级计约为 ±3dB。声级计按用途可分为两类：一类用于测量稳态噪声，另一类用于测量不稳态噪声和脉冲噪声。

　　积分式声级计是用来测量一段时间内不稳态噪声的等效声级的。噪声剂量计也是一种积分式声级计，主要用来测量噪声暴露量。

# 第六章

# 电磁环境、噪声现场监测操作

依据环境监测的分类，以及不同的电磁设施和不同的监测目的，需要进行相应的电磁环境现场监测操作。本章主要介绍变电站和输电线路工频电磁场的环境监测的布点原则及数据处理；移动通信基站及广播电视电磁场环境监测的布点原则和数据处理；城市区域环境电磁背景监测；电磁环境监测的质量保证措施。

## 第一节　电磁环境监测概述

### 一、环境监测的目的

环境监测的目的是准确、及时、全面地反映环境质量现状及发展趋势，为环境管理、污染源控制、环境规划等提供科学依据。具体可归纳为以下方面：

（1）根据环境质量标准，评价环境质量。

（2）根据污染分布情况，追踪寻找污染源，为实现监督管理、控制污染提供依据。

（3）收集本底数据，积累长期监测资料，为研究环境容量、目标管理、预测预报环境质量提供数据。

（4）为保护人类健康、保护环境、合理使用自然资源，以及制定环境法规、标准、规划等服务。

### 二、电磁环境监测的分类

按其对象可以分为三类：第一类是电磁环境质量监测。由环境监测机构通过对环境中电磁场进行经常性监测，掌握电磁环境质量状况及其发展趋势，并编写各种电磁环境监测报告和电磁环境质量报告。第二类是电磁设施污染监督监测。是为了加强对电磁设施电磁辐射的监督管理，进行电磁辐射防治污染设施运行效果监测和"三同时"项目竣工验收监测等。第三类是特定目的监测（又称为特例监测或应急监测）。

电磁环境监测还可按照电磁波的频率分为工频电磁场监测、射频电磁场监测和直流静态场监测三类。电磁环境监测中涉及电磁设施的种类很多，每种电磁设施的监测方法、所使用的监测仪器和评价的标准都有所不同。而且针对不同的监测目的（如典型电磁设施监测、环境现状监测、环境质量调查），监测布点和监测方法也不同，可根据实际情况进行选择。

## 第二节　工频电场、磁场监测

在我国，工频电、磁频率为 50Hz。由于交流电压和电流的存在，也就产生了工频电场和工频磁场，工频电、磁场监测就是对这两个指标进行监测的。

日常监测中，开展频率最高的是针对电力系统的环境背景监测、输变电设施监测和针对输变电设施的投诉监测。环境背景监测在输变电项目建设前期环评时进行，对拟建变电站站址和拟建输变电线路沿线的工频电、磁场背景值进行测试；输变电设施的监测多在输变电项目竣工验收或对已有输变电设施进行改扩建时，对输变电设施本身和周围的电磁环境现状，或者输变电设施周边公众关注的点位进行监测。为了了解变电站或输变电线路的电磁环境影响范围，还会在输变电项目竣工验收或对已有输变电设施进行改扩建时，对有条件的变电站或输变电线路进行衰减断面监测。在遇到居民投诉或纠纷时，还要对投诉或有纠纷的民居及居民活动场设置监测点进行监测。

**一、现场布点原则**

（一）现场监测布点依据的标准

工频电、磁场监测目前可以依据的已发布标准有《辐射环境保护管理导则　电磁辐射监测仪器和方法》（HJ 10.2—1996）、《环境影响评价技术导则　输变电工程》（HJ 24—2014）、《高压交流架空送电线路、变电站工频电场和磁场测量方法》（DL/T 988—2005）、《交流输变电工程电磁环境监测方法（试行）》（HJ 681—2013）。

（二）点位的选取

（1）环境背景值监测。多应用在输变电新建工程环评阶段。点位主要选取拟建变电站站址、拟建线路沿线居民点。

（2）工频电、磁场源监测。多应用在对已建成的变电站、输电线路及其附近居民点的测量。

（3）变电站厂界。监测点应选择在无进出线或远离进出线（距离边导线地面投影不少于 20m）的围墙外且距离围墙 5m 处布置。如果在其他位置监测，应记录监测点与围墙或高压线路的相对位置关系，以及周围的环境情况。

（4）变电站外居民点。依据最不利原则，对站界各侧最近的一处居民点进行测试。

（5）变电站断面。以变电站围墙周围的工频电场和工频磁场监测最大值处为起点，在垂直于围墙的方向布置，测点间距为 5m，依次顺序测至 50m 处为止。

（6）输电线路断面。单回输电线路应以弧垂最低位置处中相导线对地投影点为起点。同塔多回输电线路应以弧垂最低位置处档距对应两杆塔中央连线对地投影为起点，监测点应均匀分布在边相导线两侧的横断面方向上。对于挂线方式以杆塔对称排列的输电线路，只需在杆塔一侧的横断面方向上布置监测点。监测点测量间距可根据实际情况选取，常用

5m。在测量断面最大值时，相邻监测点的距离应不大于1m。

输电线路断面监测示意图见图6-1。

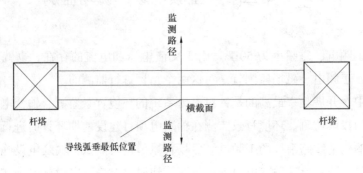

图6-1 输电线路断面监测示意图

（7）地下输电电缆断面。以地下输电电缆线路中心正上方的地面为起点，沿垂直于线路方向进行，监测点间距为1m，顺序测至电缆管廊两侧边缘各外延5m处为止。对于以电缆管廊中心对称排列的地下输电电缆，只需在管廊一侧的横断面方向上布置监测点。

（8）输电线路居民点和敏感点。在建（构）筑物外监测，应选择在建筑物靠近输变电工程的一侧，且距离建筑物不小于1m处布点。在建（构）筑物内监测，应在距离墙壁或其他固定物体1.5m外的区域处布点。如不能满足上述距离要求，则取房屋立足平面中心位置作为监测点，但监测点与周围固定物体（如墙壁）间的距离不小于1m。在建（构）筑物的阳台或平台监测，应在距离墙壁或其他固定物体（如护栏）1.5m外的区域布点。如不能满足上述距离要求，则取阳台或平台立足平面中心位置作为监测点。

**二、测量一般要求**

（1）测量环境应符合仪器标准中规定的使用条件。

（2）尽量选取地势平坦、远离树木、没有其他电力线路、通信线路及广播线路的空地上。尽量做到仪器探头与待测设施之间无遮挡物。

（3）仪器探头架设高度应架设在地面（或立足面）上方1.5m高度处，也可以根据实际需求设于其他高度监测，并在监测报告中注明。

（4）有方向性探头测试垂直电场强度、磁感应强度及水平磁感应强度；全向探头测电场强度和磁感应强度的综合量。

（5）在监测工频磁场时，监测探头可以用一个小型电介质手柄支撑，并可由监测人员手持。采用一维探头监测工频磁场时，应调整探头使其位置在监测最大值方向。

（6）在监测输电线路周围的点位时，应用测距设备测量监测点位与输电线路的水平距离和输电线路在监测点位处的对地线高，并准确记录。

**三、注意事项**

由于工频电场极易受到外界物体的影响而发生畸变，所以人体或物体若距离探头太近，将影响工频电场测值；相对而言，工频磁场则不易受到外界物体影响。因此，在测量中需要采取一些避让措施，以确保工频电场测值合理。

（1）在监测工频电场时，监测人员及其他人员与监测仪器探头的距离应不小于 2.5m，避免工频电场在探头处产生较大畸变。

（2）在监测工频电场时，监测仪器探头与固定物体的距离应不小于 1m。应将固定物体对测量值的影响限制到可以接受的水平内。

### 四、监测数据处理

#### （一）原始数据获取

在输变电设施正常运行时间内进行监测，每个监测点至少连续测 5 次，每次监测时间不小于 15s，并读取稳定状态的最大值。若仪器读数起伏较大，应适当延长监测时间。每个点位至少测量 5 个数值作为该点位的原始监测数据。

当仪器示值稳定时可以直接读取稳定数值，原则上每个数值读取间隔不低于 15s；当仪器示值波动较大时，读数时间应延长，可 1min（或适当延长）读取一个数值（在出现频率相对较多的数值范围内读取）。

#### （二）数据处理

原始数据在计算处理前应进行校核，如数据小数点及单位等。若确实存在异常，应对测量点位进行复测以核对数据，保证数据正确性。

在数据计算时，分别对 $n$ 个工频电场强度和 $n$ 个工频磁感应强度读数进行算术平均，得出该点的工频电场强度及工频磁感应强度，计算式为

$$\overline{E} = \frac{\sum\limits_{i=1}^{5} E_i}{n}$$

$$\overline{B} = \frac{\sum\limits_{i=1}^{5} B_i}{n}$$

式中　$\overline{E}$——该点工频电场强度平均值，V/m；

　　　$\overline{B}$——该点工频磁感应强度平均值，μT；

　　　$E_i$——该点第 $i$ 次工频电场强度测量值，V/m；

　　　$B_i$——该点第 $i$ 次工频磁感应强度测量值，μT；

　　　$n$——测量次数。

数据的标准偏差按通用公式计算，即

$$S = \sqrt{\frac{1}{n-1} \sum_{i=1}^{n} (x_i - \overline{x})^2}$$

式中　$x_i$——单次测量值；

　　　$\overline{x}$——测量平均值；

　　　$n$——测量次数。

### 五、监测结果与评价

我国环保系统现行的工频电、磁场评价标准为《环境影响评价技术导则 输变电工程》(HJ 24—2014) 中推荐的公众限值，即工频电场强度为 4kV/m，工频磁感应强度为 0.1mT。该标准主要针对 500kV 电压等级输变电项目，同时 110、220kV 及 330kV 输变电项目也参照该标准执行。对于更低电压等级的输变电设施而言，目前尚无相应标准限值可以参照。

目前环境保护部正在制定《电磁环境公众暴露控制限值》新标准，该标准将各频段的限值进行了规定，也包括 50Hz 工频。新标准没有再将电压等级作为限值的适用限制，而是直接以电磁辐射源的工作频率来进行评判。因此，在对 50Hz 工频电磁场进行评价时，新标准的适用范围将更广泛，以往不能评价的低电压等级也将有标准限值可以遵循。但在该标准正式发布前，仍然应参照《环境影响评价技术导则 输变电工程》(HJ 24—2014) 推荐的公众限值进行评价。因此，目前对监测结果进行评价时需要留意该标准的适用电压等级范围。

在标准适用的前提条件下，需要将测得的数值单位换算为标准单位后再与限值进行比对，判定结果是否超标。

常用的换算关系为：电场强度 $1kV/m = 1000V/m$，磁感应强度 $1mT = 1 \times 10^3 \mu T = 1 \times 10^6 nT$。

### 六、环境条件要求

环境条件应符合仪器的使用要求。监测工作应在无雨、无雾、无雪的天气下进行；环境湿度应在 80% 以下，避免检测仪器之间泄漏电流等影响；监测时应当认真记录环境状况。

## 第三节　无线电干扰现场监测

### 一、现场布点原则

无线电干扰监测目前可以依据的已发布标准有 HJ/T 10.2—1996、GB/T 7349—2002、GB 15707—1995。

### 二、测量仪器

必须使用符合《无线电骚扰和抗扰度测量设备规范》(GB/T 6113.1)，应持有有效计量检定证书的仪表，使用准峰值检波器，以及使用具有电屏蔽的环状天线或柱状天线。使用记录器时，必须保证不影响测试仪的性能及测量准确度。

### 三、测量位置

测量地点选在地势较平坦，远离建筑物和树木，没有其他电力线和通信、广播线的地方，电磁环境场强应至少比来自被测对象的无线电干扰场强低 6dB。电磁环境场强的测量可以在线路停电时进行，或在距线路 400m 以外进行。

沿被测线路的气象条件应近似一致。在雨天测量时，只有当下雨范围距测试现场周围（或方圆）10m 以上时，测量才有效。

对于线路，测量点应在档距中央附近，距线路末端 10km 以上，若受条件限制应不少于 2km。测量点应远离线路交叉及转角等点，但在对干扰实例进行调查时，不受此限。

对于变电站，测量点应选在最高电压等级电气设备外侧，避开进出线，不少于 3 点。

### 四、测量距离

线路要求距边相导线投影 20m。变电站要求为：①距最近带电构架投影 20m 处；②围墙外 20m 处。

直流送电线、换流站无线电干扰测量应根据标准执行。

### 五、测量要求

每次测量前，应按仪器使用要求对仪器进行校准。

由于使用柱状天线测量架空送电线路无线电干扰场的电场分量容易受到其他因素的影响，所以应优先采用环状天线。环状天线底座高度不超过地面 2m，测量时应绕其轴旋转到获得最大读数的位置，并记录方位。

在使用柱状天线测量时，柱状天线应按其使用要求架设，且应避免杆状天线端部的电晕放电影响测量结果。如发生电晕放电，应移动天线位置，在不发生电晕放电的地方测量，或改用环状天线。

测量人员和其他设备与天线的相对位置应不影响测量读数，尤其在采用柱状天线时。

参考测量频率为 0.5(1±10%) MHz，也选取 1MHz。

为了避免在单一频率下测量时，由于线路可能出现驻波而带来的误差影响，应在干扰频带内对各个频率进行测量并画出相应的曲线。测量可在下列频率或其附近频率进行，具体包括 0.15、0.25、0.50、1.0、1.5、3.0、6.0、10、15、30MHz。

### 六、测量数据

（一）测量读数

在特定的时间、地点和气象条件下，若仪表读数是稳定的，则测量读数为稳定时的仪表读数；若仪表读数是波动的，则应使用记录器记录或每 0.5min 读一个数，取其 10min 的平均值为测量读数。对使用不同天线的测量读数，应分别记录与处理。

（二）线路测量数据

在给定的气象条件下，每次的测量数据为沿线近似等分布的三个地点测量读数的平均值。应注意，在给定的气象条件下，对某个地点、某个测量频率，一日之内不能获得多于一次的测量数据。

（三）变电站测量数据

在给定的气象条件下，每次测量数据取各测点测量读数中最大的测量读数，并且作出相应测点处的频谱曲线。

（四）测量次数及评价

在每一种气象条件下，测量次数应与该地区气象条件出现的频度成正比。测量次数不得少于 15 次，最好在 20 次以上。对被测系统干扰水平的统计评价为：在特定的时间、地点和气象条件下，若测量值是稳定的，则测量值为稳定时读数；若测量值是波动的，则使用记录器记录或每 30s 读取一个数值，取 10min 的平均值。使用不同天线时，应分别记录与处理。

（五）数据处理

原始数据在计算处理前应进行校核，如数据小数点及单位等，若确实存在异常，应对测量点位进行复测以核对数据，保证数据的正确性。

在数据处理时，对 $n$ 个无线电干扰电平读数进行算术平均，得出该点的无线电干扰电平值，单位为 dB（μV/m）。具体计算式为

$$\bar{E} = \sum_{i=1}^{n} E_i$$

式中　$\bar{E}$——该点无线电干扰平均值，dB（μV/m）；

　　　$E_i$——该点第 $i$ 次无线电干扰测量值，dB（μV/m）；

　　　$n$——测量次数。

数据的标准偏差按通用公式计算，即

$$S = \sqrt{\frac{1}{n-1} \sum_{i=1}^{n} (x_i - \bar{x})^2}$$

式中　$\bar{x}$——测量平均值；

　　　$n$——测量次数；

　　　$S$——测量值的标准偏差。

（六）无线电干扰场强的距离修正

修正公式为

$$E_x = E + k\lg \frac{400 + (H-h)^2}{x^2 + (H-h)^2}$$

式中　$E_x$——距边导线投影 $x$ m 处干扰场强，dB（μV/m）；

　　　$E$——距边导线投影 20m 处干扰场强，dB（μV/m）；

　　　$x$——距边导线投影距离，m；

　　　$H$——边导线在测点处对地高度，m；

　　　$h$——测量仪天线的架设高度，m；

　　　$k$——衰减系数，对于 0.15～0.4MHz 频段，$k$ 取 18；对于大于 0.4MHz 且小于　　　　　30MHz 的频段，$k$ 取 16.5。

该公式适用于距导线投影距离小于 100m 处。

（七）无线电干扰场强的频率修正

修正公式为

$$\Delta E = 5\left[1 - 2(\lg 10 f)^2\right]$$

或

$$\Delta E = 20\lg \frac{1.5}{0.5 + f^{1.75}} - 5$$

式中　$\Delta E$——相对于 0.5MHz 干扰场强的增量，dB（μV/m）；

　　　$f$——频率，MHz。

该公式的适用频率范围为 0.15~4MHz。

### 七、监测结果与评价

我国环保系统现行的无线电干扰评价标准为《高压交流架空送电线无线电干扰限值》（GB 15707—1995）。高压交流架空送电线无线电干扰限值频率为 0.5MHz 时，110kV 电压等级的限值为 46dB（μV/m），220~330kV 电压等级的限值为 53dB（μV/m），550kV 电压等级的限值为 55dB（μV/m）；频率为 1MH 时，高压交流架空送电线无线电干扰限值为上述数值分别减去 5dB（μV/m）。对于更低电压等级的输变电设施，目前尚无相应标准限值可以参照。

监测点应满足距变电站最近带电构架投影或变电站围墙外水平距离为 20m，或距边相导线投影 20m 的要求。如果不能满足，监测结果应当按照距离修正公式修正。

### 八、环境条件

环境条件应符合仪器的使用要求。监测工作应在无雨、无雾、无雪的天气下进行。监测时应当认真记录环境状况。

## 第四节　合成场和离子流密度现场监测

### 一、现场布点原则

（一）一般要求

地面合成场强、离子流密度的测量应在风速小于 2m/s、无雨、无雾、无雪的好天气下进行，测量的时间段不少于 30min。测量合成场强和离子流密度时，测量仪表应直接放置在地面上（探头与地面间的距离应小于 200mm），接地板应良好接地。

测量仪器使用自动记录时，记录时间间隔可选为 30s，也可以采用其他时间间隔。使用手动记录测量时，应间隔 30s（或其他时间间隔）记录一次读数。每个测点每次测量数据不少于 100 个。多点同时测量时，应采用自动记录方式进行测量。

测量仪器应与测量人员保持足够远的距离（至少为 2.5m），避免在场磨处产生较大的电场畸变或影响离子流的分布；与固定物体的距离应至少为 1m，以减少固定物体对测量值的影响。

（二）直流输电线路合成场强和离子流密度测量

1. 输电线路下地面合成场强和离子流密度测量

测量直流输电线路地面合成场强和离子流密度时，测量地点应选在地势平坦、远离树木杂草或不规则突出物体、没有其他电力线路、通信线路及广播线路的空地上。

输电线路地面合成场强和离子流密度测量点应选择在极导线档距中央弧垂最低位置的横截面方向上。测量时两相邻测量点间的距离可以任意选定，但在测量最大值时，两相邻测量点间的距离应不大于 5m。输电线路下合成场强和离子流密度一般测至距离边导线对地投影外 50m 处即可。

除在线路横截面方向上测量外，也可在线下其他合适的位置进行测量，但测量条件必须满足一般要求，同时也要详细记录测量点及周围的环境情况。

输电线路下方合成场强和离子流密度测量布点见图 6-2。

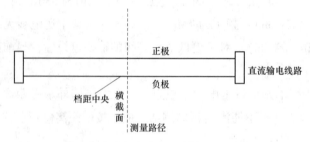

图 6-2　输电线路下方合成场强和离子流密度测量布点

2. 输电线路邻近民房合成场强和离子流密度测量

邻近民房位置的地面合成场强和离子流密度的测量点应布置在靠近线路最近极导线侧距离民房（围）墙外侧 1m 处。当线路极导线距离房屋较近（极导线距离房屋的最小距离为 5~10m）时，可在民房楼顶平台位置处测量。

民房楼顶平台上的测量，应在距离周围墙壁和其他固定物体（如护栏）不小于 1m 的区域内测量地面合成场强和离子流密度。若民房楼顶平台的几何尺寸不满足该条件，则不进行测量。

3. 换流站合成场强和离子流密度测量

（1）换流站内合成场强和离子流密度测量。换流站合成场强和离子流密度测点，应选择在换流站直流侧场地的巡视走道、直流母线下等直流区域位置。其他测量条件应满足一般要求。

（2）换流站外合成场强和离子流密度测量。合成场强和离子流密度测量点应选在无进出线或远离进出线的直流侧围墙外且距离围墙 5m 的地方布置，测量合成场强和离子流密度的最大值。换流站围墙外合成场强和离子流密度测至围墙外 50m 处即可。

进行换流站围墙外合成场强和离子流密度衰减测量时，合成场强和离子流密度衰减测量点以换流站围墙外5m处为起点，沿围墙的垂直方向分布。相邻两测点间的距离一般为5m，但也可选其他较小的距离。所有参数均应记录在测量报告中。

（3）换流站附近民房及其他敏感位置的测量。换流站附近民房及其他敏感位置的测量布点和方法参照输电线路邻近民房合成场强和离子流密度测量要求进行。

## 二、监测数据处理

### （一）测量记录

测量线路时，应记录测点或测量路径所在处极导线的线路参数，如导线高度、极间距离、导线型式和运行电压、电流；测量档距两端的杆塔编号、线路走向、同杆线路回路数、线路排列方式。测量换流站时，应记录测量点的具体位置、换流站的运行方式、换流阀功率、直流电压等。

同时，应记录每个测点的相互距离，记录测量时间段的风速、风向、温度、相对湿度、大气压等气象条件，以及每一次测量的开始时间与结束时间。

对于每一个测量点，在最少测量时间段30min内，至少记录100个数据。

### （二）数据处理

在地面合成场强和离子流密度的连续测量中，测量数据分散性较大，应用累计概率的方法进行数据处理。线路、换流站的地面合成场强和离子流密度测量数据按测点统计，每个测点数据按绝对值大小排序，求出95%的数据不超过的值为最大值；80%不超过的值为80%值；50%不超过的值为平均值。以100个同一测点地面合成场强数据为例，则第95个、第80个和第50个测量数据作为该点95%、80%、50%所对应的值，分别为该点地面合成场强的最大值、80%值和平均值，以便进行环境评价。

离子流密度测量数据也应按测点统计，并以90%值作为评价依据。

### （三）测量数据及分析

监测结果的数据处理应按照统计学原理进行处理，对于异常数据必须进行分析说明并进行取舍。

### （四）监测报告

对报告的编制、修改、签发等过程进行质量控制，确保向委托方或上级部门提供准确可靠的检测结果和合法有效的检测报告。

监测报告必须准确、清晰、有针对性地记录每一个与监测结果有关的信息，监测报告应执行三级审核制度，审核范围包括监测环境条件、监测人员、监测设备、监测采样、原始数据及数据处理分析、结论等内容。

## 三、监测结果与评价

依据《环境影响评价技术导则 输变电工程》（HJ 24—2014）和《±800kV特高压直流线路电磁环境参数限值》（DL/T 1088—2008）的要求，线路、换流站的地面合成场强和离子流密度测量的测点间距一般为5m，顺序测到极导线地面投影点外或换流站围墙外50m处止。邻近民房处合成场强和离子流密度的测试应在距离民房墙外1m、距离线路极导线或换流站直流侧最近处地面设一个测点测试。

地面合成电场监测数据按测点统计，每个测点（以100个数据为例）按大小排列，第95个，即95%的测量数值应小于或等于30kV/m。临近民房时，将地面合成场强测量结果（以100个数据为例）按照由小到大的顺序排列，第80个，即80%测量数值应小于或等于15kV/m；第95个，即95%测量数值应小于或等于25kV/m。

地面离子流密度监测数据按测点统计，每个测点（以100个数据为例）按大小排列，第90个，即90%测量数值应小于或等于$100nA/m^2$。

# 第五节　区域电磁环境质量监测

区域电磁环境质量监测包括区域内电磁环境背景值监测和区域内重点和典型电磁设施（设备）电磁环境监测。

区域内电磁环境背景值监测的主要目的是掌握电磁环境背景水平和分布等基本情况，应根据需要选择适合的频段进行。区域内重点和典型电磁设施（设备）电磁环境监测主要是为了了解该设施的影响范围和影响大小。区域内电磁环境背景值监测和区域内重点和典型电磁设施（设备）电磁环境监测采用不同的监测方法。

**一、现场布点原则**

**（一）现场监测布点依据的标准**

目前可以依据的已发布标准有《辐射环境保护管理导则　电磁辐射监测仪器和方法》（HJ/T 10.2—1996）、《环境影响评价技术导则　输变电工程》（HJ 24—2014）、《高压交流架空送电线路、变电站工频电场和磁场测量方法》（DL/T 988—2005）、《交流输变电工程电磁环境监测方法（试行）》（HJ 681—2013）、《移动通信基站电磁辐射环境监测方法》（试行）。

**（二）点位的选取**

（1）区域内电磁环境背景值监测。为反映出一个较大区域的电磁环境背景，常使用网格布点。根据地图，将全区域划分成1km×1km或2km×2km的方格，取方格中心进行测量。实际测量时，若中心点位受一些小型电磁辐射体（如基站）的影响，可以对点位进行适当调整；其他环境背景监测可根据实际需求选点。

（2）区域内重点和典型电磁设施（设备）电磁环境监测。电磁设施的种类很多，点位选取的方式也很多。可根据前述章节的要求进行选点。

**（三）测量一般要求**

（1）测量环境应符合行业标准和仪器标准中规定的使用条件。

（2）区域内电磁环境背景值监测的监测目的决定了在网格内监测时监测点应尽量设置在网格中心，且应避开电磁设施（设备），避免电磁设施（设备）对监测结果产生影响。

（3）区域内重点和典型电磁设施（设备）电磁环境监测应按照该设施对应的选点办法进行。

## 二、监测数据处理

使用不同的仪器监测不同的频段，应按照相关标准要求，对照本章前述的要求处理监测数据。

## 三、监测结果与评价

每次区域电磁环境质量监测的目的不一定是相同的，对监测结果的评价应对照相关的标准、规范，按照相应的目的对监测结果进行评价。

## 四、环境条件

环境条件应符合行业标准和仪器标准中规定的使用条件，监测时应当认真记录环境状况。

# 第六节 工业企业厂界环境噪声监测

## 一、测量仪器

测量仪器精度为Ⅱ级以上的声级计或环境噪声自动监测仪，其性能应符合《声级计电声性能及测量方法》（GB 3875）的规定，且应定期校验，并在测量前后进行校准。灵敏度相差不得大于 0.5dB(A)，否则测量无效。测量时传声器加风罩。

## 二、气象条件

测量应在无雨、无雪的气候条件下进行，风速为 5.5m/s 以上时停止测量。

## 三、测量时间

测量应在被测企事业单位的正常工作时间内进行，分为昼、夜间两部分，时段的划分可由当地人民政府按当地习惯和季节划定。

## 四、测点布设

根据工业企业声源、周围噪声敏感建筑物的布局，以及毗邻的区域类别，在工业企业厂界布设多个测点，其中包括距噪声敏感建筑物较近，以及受被测声源影响较大的位置。

（一）测点位置一般规定

一般情况下，测点选在工业企业厂界外 1m、高度为 1.2m 以上、距任一反射面距离不小于 1m 的位置。

（二）测点位置其他规定

当厂界有围墙且周围有受影响的噪声敏感建筑物时，测点应选在厂界外 1m、高于围墙 0.5m 以上的位置。

测量室内噪声时，室内测量点位设在距任一反射面至少 0.5m 以上、距地面 1.2m 高度处，在受噪声影响方向的窗户开启状态下测量。

固定设备结构传声至噪声敏感建筑物室内，在噪声敏感建筑物室内测量时，测点应距任一反射面至少 0.5m 以上、距地面 1.2m、距外窗 1m 以上，且在窗户关闭状态下测量。被测房间内的其他可能干扰测量的声源（如电视机、空调机、排气扇，以及镇流器较响的日光灯、运转时出声的时钟等）应关闭。

## 第七节 质 量 控 制

质量保证与质量控制是保证监测数据准确可靠的方法，也是对实验室进行科学管理的有效措施，可以大大提高监测数据的质量，使环境电磁监测建立在可靠的基础之上。环境电磁监测质量保证的主要内容包括监测人员、监测方案、检测仪器和设备，以及工况核查、监测、测量数据及分析、监测报告等方面的质量保证。

### 一、监测人员

为了保证质量管理体系持续有效运行并得到不断完善，必须对与质量活动有关的工作人员进行适时培训和考核，提高人员的技术素质、质量意识、法制意识和服务意识，从而胜任其所担负的工作。

（1）环境电磁监测人员实行合格证制度，应经过培训，并按照《环境监测人员持证上岗考核制度》要求持证上岗。

（2）持有合格证的人员才能从事相应的监测工作，未取得合格证者，必须在持证人员的指导下开展工作，监测质量由持合格证的人员负责。

（3）现场监测工作须有 2 名以上监测人员才能进行。

### 二、监测方案

监测方案的制定必须遵循相关法律、法规和标准的要求，具有科学性、实用性，内容全面合理。主要包括监测项目、执行标准、参考资料、环境条件、测量仪器、测量时间、监测范围、点位布设和监测频次等内容。

### 三、测量仪器

（1）应按照相关法规进行检定和校准，并在合格有效期内使用。每年应对仪器与设备检定及校准情况进行核查，未按规定检定或校准的仪器与设备不得使用。

（2）按实验室质量管理要求填写使用记录、维护记录和维修记录等，保证仪器与设备处于完好状态。

（3）应根据实验室质量管理计划制定仪器与设备的年度核查计划，并按计划执行，保证在用仪器与设备运行正常。每月对监测仪器进行期间核查，核查方法应符合相关标准的要求。

（4）每次监测前、后均检查仪器的工作状态是否正常。

**四、工况核查**

输电线路工况核查内容主要为输变电系统的电压等级、电流、设备容量、架线型式、走向，以及电磁辐射现状水平和分布情况。

换流站工况核查内容主要为换流站运行方式、换流阀功率、直流电压等。

**五、监测报告**

对报告的编制、修改、签发等过程进行质量控制，确保向委托方或上级部门提供准确可靠的检测结果和合法有效的检测报告。

监测报告必须准确、清晰，有针对性地记录每一个与监测结果有关的信息。监测报告应执行三级审核制度，审核范围包括监测采样、实验室分析原始记录、数据报表等。原始记录中应包括质控措施的记录，质控样品测试结果合格，质控核查结果无误，监测报告方可通过审核。

根据不同的监测目的，可按照《电磁环境控制限值》(GB 8702) 对监测结果进行分析并给出结论。

# 参 考 文 献

[1] 邬雄，万保权. 输变电工程的电磁环境［M］. 北京：中国电力出版社，2009.

[2] 吕建红. 输变电工程环境保护管理［M］. 北京：中国电力出版社，2017.

[3] 杨维耿，翟国庆. 环境电磁监测与评价［M］. 杭州：浙江大学出版社，2011.

[4] 丁广鑫. 交流输变电工程环境保护和水土保持工作手册［M］. 北京：中国电力出版社，2009.

[5] 周孝信，陈树勇，鲁宗相. 电网和电网技术发展的回顾与展望——试论三代电网［J］. 中国电机工程学报，2013，33（22）：1-11，22.

[6] 丛博. 石板峪220千伏输变电工程环境影响评价研究［D］. 华北电力大学，2014.

[7] 胡大栋. 新形势下供电企业输变电工程前期环评管理研究［D］. 华北电力大学（北京），2016.

[8] 沈娟. 包头至呼市东500kV输变电工程环境影响综合评价研究［D］. 华北电力大学，2011.

[9] 张航，徐群丰. 电网建设环境保护对策探讨［J］. 低碳世界，2017（27）：76-77.

[10] 冯晓兴. 内蒙古地区特高压线路建设环境影响评价研究［D］. 华北电力大学（北京），2017.

[11] 俞龙年. 电力资源开发环境影响评价 以兰州北330kV变电站110kV送出工程为例［D］. 兰州交通大学，2016.

[12] 谭民强，刘振起. 输变电及广电通信类环境影响评价［M］. 北京：中国环境科学出版社，2009.

[13] 余岚. 电网规划环境影响评价初探［J］. 资源节约与环保，2016，11：114，126.

[14] 谢宝威. 目前电网建设中存在的问题及处理要点探究［J］. 科技创新与应用，2016（3）：172.

[15] 陈志雄. 浅论电网建设中的应用问题及处理要点［J］. 山东工业技术，2015（18）：160.

[16] 孙成钢，徐嘉远. 浅谈城市电网建设中存在的问题及解决措施［J］. 科技与企业，2014（11）：41.

[17] 李彧. 浅谈城市电网建设中的问题和基本思想［J］. 科技创业家，2013（23）：235.

[18] 邓晓蓓. 我国大气污染的成因及治理措施［J］. 北方环境，2013，2（29）：118-120.

[19] 林肇信. 大气污染控制工程［M］. 北京：高等教育出版社，2014.

[20] 李自华. 施工期大气污染影响分析和防治［J］. 交通世界，2013（3）：120-121.

[21] 卢明. 我国土壤污染防治法律机制研究［D］. 西北农林大学，2013.

[22] 董婵清，宋正男. 浅析输变电工程对土地的破坏与建设后的土地复垦［J］. 科技信息，2013（18）：361-362.

[23] 刘刚，裴华，胡绍娟. 输电线路建设土地复垦探讨［J］. 现代农业科技，2010（8）：318-319.

[24] 袁峥嵘. 输电线路施工管理问题探讨［J］. 技术与市场，2010，10（17）：96-97.

[25] 吴飞. 珠江三角洲输变电线路工程水土保持设计探讨［J］. 亚热带水土保持，2009，21（1）：68-70.

[26] 张萌，吴飞. 输变电线路工程的水土保持［J］. 上海电力学院学报，2008（2）：111-113，118.

[27] 黄晓波. 水利水电类建设项目环境影响评价指标体系构建与案例研究［D］. 中南林业科技大学，2017.

[28] 赵路明，付紫敬. 输电线路对环境的影响及措施研究 [J]. 建材与装饰，2016（19）：228-229.

[29] 杨光俊. 输变电工程水土流失规律研究及防治对策 [J]. 北方环境，2011（11）：31-32.

[30] 蒙富. 综述输电线路施工中环境保护的预防措施 [J]. 大科技：科技天地，2011（8）：269-270.

[31] 于稀水，安凤秋，杜小刚. 浅析生物多样性的破坏及保护对策的研究 [J]. 大科技：科技应用，2015（16）：62.

[32] 杨仁帆. 浅析生物多样性的保护 [J]. 大科技：科技信息，2009（2）：267.

[33] 李毅. 高压输变电项目建设过程中的环境保护 [J]. 当代化工研究，2017（12）：61-62.

[34] 戚成栋，李博. 高压输变电工程的环境影响评价中若干问题的分析与探讨 [J]. 机电信息，2009（33）：41-45.

[35] 王广超. 浅析建筑施工对环境的影响 [J]. 民营科技，2016（1）：232.

[36] 王高益. 输电线路的环保设计 [J]. 四川电力技术，2007（5）：52-54，60.

[37] 王高益. 输电线路的环保设计 [J]. 农村电气化，2007（11）：10-12.

[38] 曾二贤，包永忠，杨景胜，等. 山区输电线路的环保设计和措施研究 [J]. 电力勘测设计，2014（01）：46-51，76.

[39] 王冠，陈栋梁，郭弘. 输变电工程的环境保护 [J]. 电力科技与环保，2014，30（3）：4-7.

[40] 杨佳财，刘光明. 高压输变电工程对环境产生的影响及防治措施探讨 [J]. 环境科学与管理，2007（9）：169-172，176.

[41] 龚文娟. 环境风险沟通中的公众参与和系统信任 [J]. 社会学研究，2016，31（3）：47-74，243.

[42] 叶娜，程胜高，高水生. 关于输变电工程环境影响评价中公众参与的思考 [J]. 内江科技，2008（6）：12，21.

[43] 《输变电设施的电场、磁场及其环境影响》编写组. 输变电设施的电场、磁场及其环境影响 [M]. 北京：中国电力出版社，2007.

[44] 邬雄，丁燕生. 我国 500kV 电网的电磁环境状况和策略 [J]. 高电压技术，2008，34（11）：2408-2411.

[45] 粟福珩. 高压输电的环境保护 [M]. 北京：水利电力出版社，1989.

[46] 刘文魁，庞东. 电磁辐射的污染及防护与治理 [M]. 北京：科学出版社，2003.

[47] 宋晓红. 电网输变电系统电磁环境影响初探 [J]. 电力科技与环保，2007，23（2）：54-56.

[48] 王晓燕. 特高压交流输电线路电磁环境研究 [D]. 山东大学，2011.

[49] 赵秉华，危明飞，廖诚，等. 常见输变电工程电磁环境影响分析 [J]. 能源研究与管理，2014（4）.

[50] 谭闻，张小武. 输电线路可听噪声研究综述 [J]. 高压电器，2009，45（3）：109-112.

[51] 赵淦，陈峥. 降低配电房噪音的研究与实践 [J]. 无锡商业职业技术学院学报，2009，9（6）：93-95.

[52] 郑长聚. 环境工程手册. 环境噪声控制卷 [M]. 北京：高等教育出版社，2000.

[53] 马建敏. 环境噪声控制 [M]. 西安：西安地图出版社，2000.

[54] 王罗春，周振，赵由才. 噪声与电磁辐射：隐形的危害 [M]. 北京：冶金工业出版社，2011.

[55] 邬雄，万保权，张小武，等. 1000kV 级交流输变电工程的电磁环境影响研究 [R]. 武汉高压研究院，2006.

［56］　孙昕，陈维江，陆家榆，等．交流输变电工程环境影响与评价［M］．北京：科学出版社，2015.

［57］　李震宇．交流特高压线路工程建设中的环境保护措施［J］．电力建设，2010，31（9）：34-38.

［58］　刘振亚．特高压交流输电工程电磁环境［M］．北京：中国电力出版社，2008.

［59］　王珍雪．特高压直流输电线路电磁环境的预测研究［D］．河南：郑州大学，2015.

［60］　杨新树，傅正财，蒋忠勇．输变电设施的电场、磁场及其环境影响［M］．北京：中国电力出版社，2007.

［61］　卜劲松．电网专业技术监督丛书　环境保护专业［M］．北京：中国电力出版社，2012.